HISTOIRE NATURELLE ET AGRICOLE

DU

HANNETON ET DE SA LARVE.

HISTOIRE NATURELLE ET AGRICOLE

DU HANNETON

ET DE SA LARVE

OU

TRAITÉ DE LEURS MOEURS, DE LEURS DÉGATS, ET DES MOYENS DE BORNER LEURS RAVAGES,

PAR F.-A. POUCHET,

Correspondant de l'Institut, Professeur de Zoologie Agricole à l'École d'Agriculture et d'Économie rurale du département de la Seine-Inférieure, Chevalier de l'Ordre Impérial de la Légion d'Honneur, etc., etc.

ROUEN,

IMPRIMERIE DE H. RIVOIRE, RUE SAINT-ÉTIENNE-DES-TONNELIERS, 1.

—

1853.

HISTOIRE NATURELLE ET AGRICOLE

DU

HANNETON ET DE SA LARVE

OU

TRAITÉ DE LEURS MŒURS, DE LEURS DÉGATS, ET DES MOYENS DE BORNER LEURS RAVAGES.

PREMIÈRE PARTIE.

Des mœurs du Hanneton à l'état de larve et d'insecte parfait.

INTRODUCTION.

Les insectes, traités parfois avec tant de dédain par les hommes qui ignorent leur redoutable action sur l'économie de la nature, les insectes, malgré leur exiguité, n'en doivent pas moins être regardés comme l'un des plus grands fléaux de notre agriculture, et comme l'un de ceux contre lesquels le génie de l'homme est le plus souvent impuissant. En effet, n'apprend-on pas avec étonnement que l'on peut évaluer à plusieurs centaines de millions les pertes que ces frêles animaux occasionnent annuellement au sein de nos campagnes ou parmi les produits de celles-ci ?

Un savant entomologiste, M. Guérin-Méneville, a calculé récemment que les insectes prélèvent chaque année, pour leur nourriture, le dixième, le cinquième et même parfois le quart des récoltes. Or, comme le produit des céréales est de 2 milliards 55 millions, pour celles-ci seulement leurs dommages s'élèveraient donc de 200 à 500 millions par année.

L'effrayante facilité avec laquelle les insectes pullulent et la quantité d'alimens qu'ils engloutissent, malgré leur petitesse, viennent constater la malheureuse exactitude de ces chiffres. Dans une expérience fort intéressante, M. Vallery a reconnu qu'en enfermant vingt-quatre Calendres, douze mâles et douze femelles, dans une caisse remplie de blé, au bout de six mois ces coléoptères, qui ont à peine trois millimètres de longueur, avaient mangé quinze kilogrammes de grain, à l'aide de l'innombrable progéniture à laquelle ils donnèrent naissance.

Il y a peu d'années qu'un député, en venant à notre tribune nationale demander des lois efficaces pour anéantir tant de désastres, en répartissait ainsi le chiffre :

Céréales, le dixième de la récolte (*minimum*). .	200,000,000
Oliviers, le quart de la récolte, dont le rendement est de 24 millions.	6,000,000
Vignes, pour deux départemens seulement (Rhône et Saône-et-Loire).	7,000,000
	213,000,000

Mais, en fixant les regards sur ce tableau, on s'aperçoit immédiatement qu'il est fort incomplet, et que, si l'on y ajoute les immenses dégâts produits par les insectes parmi nos forêts, nos jardins, nos plantations de colza, de betteraves, etc., le chiffre en deviendra bien autrement élevé. Ces animaux, en se multipliant avec une effrayante facilité, dévastent même parfois totalement une grande étendue de pays. L'histoire nous apprend que certains états ont été obligés d'employer toutes leurs forces vives et même leurs armées... leurs armées! pour disputer le sol à d'innombrables légions d'insectes.

Le Hanneton, dont l'histoire va nous occuper, a de tous temps été regardé comme l'un des plus redoutables fléaux de notre agriculture, et tous les hommes pratiques qui ont écrit sur celle-ci sont d'accord à cet effet, et le représentent comme l'un des plus voraces déprédateurs de nos forêts, de nos champs et de nos jardins.

Dans son magnifique ouvrage sur les ennemis de l'industrie forestière, M. Ratzeburg n'hésite même pas à dire que *c'est le plus terrible destructeur de nos cultures*. En effet, dans toute l'Europe tempérée, en France, en Allemagne et en Angleterre, à certaines époques, ce coléoptère, se multiplie d'une manière extraordinaire et produit d'incalculables dégâts. On voit souvent des jardins de maraîchers et des champs de blé, de luzerne ou d'avoine, être entièrement dévastés par la dent du Mans. Quand celui-ci a acquis tout son développement, il ne se contente plus de végétaux herbacés, il attaque les racines des arbres, et l'on voit alors, ainsi que l'a signalé M. Bouché, les jeunes pousses de ceux-ci pendre desséchées, et bientôt le sujet périr.

M. Ratzeburg dit que cet insecte, à lui seul, ravage parfois de vastes plantations de pins, de chênes et d'autres arbres de nos forêts. Le célèbre professeur rapporte même que, dans la plaine de Kolbitzer, plus de mille arpens de pins de six à sept ans furent totalement détruits par les Mans.

D'un autre côté, les annales de l'agriculture nous présentent à chaque page d'affligeants détails sur les dégâts causés par les Hannetons. Il n'est pas rare de voir ceux-ci, à l'état parfait, dévorer totalement le feuillage de forêts d'une vaste étendue. Nous eûmes l'occasion d'observer un semblable cas, il y a une dizaine d'années, dans l'une de celles de la Seine-Inférieure. Dans un trajet de deux lieues, que nous fîmes dans cette forêt avec nos élèves, tous les arbres avaient été absolument dépouillés de leur verdure : il ne leur restait pas une seule feuille, et, au milieu de l'été, nous eussions pu nous croire au sein de l'hiver, si le soleil ardent, en traversant les branches dénudées, ne nous eût brûlés de ses rayons.

Quoique ce tableau puisse nous donner une idée de l'étendue des ravages de cet insecte, on doit cependant avouer que ceux-ci ont un résultat beaucoup moins funeste que leurs dévastations ne sembleraient le présager. Les forestiers, qui redoutent tant le Mans, se plaignent à peine des dégâts du coléoptère à l'état parfait. Cependant, l'étude de la physiologie végétale nous révèle que ce dernier, en privant les arbres de leurs parties vertes, produit quelques perturbations dans le développement du système solide de ceux-ci. L'enlèvement des feuilles, en paralysant la respiration et la transpiration des plantes, entrave manifestement l'ascension de la sève et s'oppose à la formation des zones ligneuses et corticales : phénomènes qui ont pour résultat de rendre les forêts moins vigoureuses, et par conséquent moins productives.

Les Hannetons ne font pas de moindres dégâts dans l'horticulture. M. Vibert rapporte qu'en moyenne on en pouvait compter vingt-cinq mille par arpent dans ses plantations de rosiers. Et que dans celles-ci des arpents entiers ont été dévastés dans une proportion si forte que, sur quelques points, il ne survivait guère qu'un rosier sur cinq cents. Ce praticien ajoute qu'en 1825 et 1826 plus de cinquante mille de ses plants furent ainsi dévorés.

Après cette rapide énumération des dégâts produits par les Hannetons, on ne s'étonne pas de voir que, dans plusieurs départements, les conseils généraux s'en sont émus. Des mesures énergiques ont été prises par quelques-uns d'entre eux. Enfin, plusieurs localités ont même élevé leur voix jusque vers nos assemblées législatives, en réclamant d'elles des lois qui protégeassent efficacement le territoire contre l'invasion d'un semblable fléau. Mais il est à regretter que nos législateurs, entraînés alors par d'autres soins, aient écarté cette question qui a cependant une si réelle importance.

Après avoir entendu un pareil exposé de faits, on se demande tout naturellement quel remède on peut apporter à de semblables pertes.

A de si déplorables désastres, il n'y a qu'un seul remède, c'est *l'action combinée et rationnelle de la science et de la loi.*

L'on ne parviendra jamais à combattre avec succès les insectes nuisibles que lorsque l'on connaîtra parfaitement les moindres détails de leurs mœurs : c'est en s'initiant à celles du Charançon du blé, frêle coléoptère qui a lui seul fait annuellement pour plus de 100 millions de dégâts parmi les greniers de l'Europe, qu'on est parvenu à le braver.

Il faudrait donc commencer par étudier le sujet. Lorsque ce travail préparatoire sera accompli, c'est alors que la science pourra nous révéler les moyens d'attaquer nos ennemis et de leur faire une guerre efficace et décisive. Elle nous enseignera aussi à protéger nos auxiliaires, car l'homme inconsidéré travaille trop souvent à limiter le nombre de ceux-ci, et à anéantir leur utile et incessant concours. L'arme du chasseur se tourne fréquemment contre l'agriculture en détruisant une foule d'animaux insectivores dont il faudrait bien plutôt s'efforcer de multiplier les familles dans nos forêts et dans nos bocages.

Le parlement des Etats-Unis a parfaitement senti cela, car, naguère, avant de procéder à la confection de décrets protecteurs de l'agriculture, le congrès conférait à un célèbre entomologiste, M. Harris, la mission d'exécuter l'histoire de tous les insectes nuisibles aux campagnes. Il serait bon, avant tout, d'imiter cet exemple.

Nous sommes, à regret, obligés de l'avouer : notre pays qui, depuis longtemps, s'enorgueillit de l'essor qu'il a donné aux sciences, n'a pas su tirer tout le parti possible de celles-ci, lorsqu'il s'est agi de les appliquer à l'agriculture. La France a semblé parfois craindre de porter une main sacrilége sur les trésors que lui avaient légués les Buffon et les Duhamel, les Cuvier et les Latreille! A l'étranger, on s'est montré plus audacieux, et, tandis qu'à peine nous comptons quelques rares institutions où l'on peut puiser les éléments nécessaires à le conservation de nos richesses agricoles et forestières, nos voisins en possèdent un grand nombre qui fonctionnent avec succès; telles sont celles de la Saxe, de la Bavière, du Wurtemberg, de la Prusse et de l'Autriche.

C'est aussi à l'étranger qu'ont été publiés les plus beaux

travaux sur les animaux nuisibles à l'agriculture, et c'est dans ceux de MM. Ratzeburg, Bechstein et Costa qu'il faut largement puiser pour en apprendre l'histoire.

Cependant, il serait injuste d'oublier que la France doit de précieuses notions à quelques-uns de ses naturalistes. Tels sont les travaux de M. Audouin, sur la Pyrale de la vigne; ceux de M. Guérin-Méneville, sur le Dacus de l'olivier, et ceux de M. Delarue, sur l'entomologie forestière; mais, pour ce dernier, nous devons même avouer que c'est à l'étranger qu'il s'est formé : c'est un ancien élève de l'école forestière de Tharant, en Saxe.

Mœurs du Hanneton à l'état de larve.

La femelle du Hanneton confie à la terre le soin de l'incubation de ses œufs. Lorsqu'elle sent le besoin de les déposer, elle creuse dans le sol, à l'aide de ses pattes antérieures, qui sont armées à cet effet de dentelures robustes, un trou de dix à vingt centimètres de profondeur, selon la nature du terrain. Cette opération, qu'elle exécute après le coucher du soleil, ne lui demande environ qu'une heure de travail. Lorsque celui-ci est terminé, la femelle pond assez rapidement vingt à trente œufs, qu'elle place dans le fond de ce trou, et bientôt après elle expire épuisée.

Il est probable qu'au total, sa progéniture s'élève de soixante à quatre-vingts œufs, puisqu'on en compte ce nombre dans les ovaires, mais qu'elle ne les émet que successivement et en deux à quatre fois, à peu d'intervalle. En effet, comme en ouvrant des femelles on s'aperçoit que certains œufs sont tout prêts à être pondus, tandis que d'autres ne se trouvent qu'imparfaitement développés, cela indique que la ponte ne se fait que partiellement et sans doute à plusieurs jours d'intervalle. C'est aussi l'opinion de M. Plieninger, qui ne porte pas le nombre d'œufs au-delà de quarante.

Ainsi, le Hanneton n'a qu'une faculté de procréation fort restreinte, comparativement à certains insectes qui, véritables machines à pondre, émettent 30 à 40,000 œufs à chaque couvée; et, s'il se propage d'une si désastreuse manière parmi nos cultures, cela tient d'abord à son abondance dans nos zones tempérées, puis ensuite au genre de vie tout à fait protecteur que mène sa Larve.

Les œufs de ce coléoptère sont de la grosseur d'un grain de chenevis et leur couleur est d'un blanc jaunâtre. La femelle les place de préférence dans les lieux découverts et parmi les terrains libres, un peu meubles et secs. Souvent elle choisit ceux qui se trouvent exposés au soleil et que l'on a récemment travaillés. A l'aide de ce choix, elle parvient plus facilement à opérer les travaux souterrains qui précèdent la ponte; à mieux exposer ses œufs à l'action de la chaleur et à mettre sa jeune progéniture dans un sol plus facile à remuer et plus en rapport avec la délicatesse de son organisation lorsqu'elle sort de l'œuf.

Ce n'est que plus rarement que les Hannetons confient leurs œufs à un sol ombragé, couvert d'herbes, de mousses ou de broussailles. M. Ratzeburg affirme, cependant, que les femelles ne dédaignent pas absolument les terrains compactes, quand il ne s'en trouve pas d'autres dans les lieux où le besoin de pondre se fait sentir, et qu'elles y creusent encore leurs trous avec assez de facilité à l'aide des dentelures de leurs jambes antérieures, plus développées à cet effet sur elles que chez les mâles. Le célèbre professeur de l'école forestière de Berlin ajoute même qu'il a rencontré de petites familles de Mans nouvellement éclos dans certains lieux boisés et dans des bosquets épais de myrtilles.

Quoiqu'il soit bien démontré que les femelles choisissent constamment les lieux élevés et exposés au soleil pour leur confier leurs œufs, on sait aussi que, lorsqu'elles se trouvent pressées par le besoin de déposer ceux-ci, on les voit parfois pondre dans les bas-fonds, dans les lieux les plus ombragés, et même dans le voisinage des marécages. (RATZEBURG, t. 1er, p. 71.)

L'organisation des larves du Hanneton paraît ne pas leur permettre de vivre dans un terrain sec et sablonneux. Aussi, soit qu'instinctivement les femelles n'y aillent jamais déposer leurs œufs, soit que ceux qui lui ont été confiés n'y donnent aucun produit, on remarque certainement que les plantations qui s'élèvent dans les dunes ne sont jamais ravagées par ces insectes, auxquels il semble essentiellement falloir un terrain meuble et légèrement humide pour s'accommoder à la délicatesse de leur surface cutanée.

Les œufs éclosent après une incubation de quatre à six semaines, différence qui tient sans doute à la nature du sol et à la température qui a régné depuis le moment de la ponte. Les jeunes Larves qui en sortent, ayant des organes trop débiles pour pouvoir remuer facilement la terre, sont d'abord condamnées à vivre quelque temps dans le lieu où elles ont été déposées; aussi les découvre-t-on ordinairement agglomérées par petites familles autour d'une même plante herbacée, dont les radicelles suffisent pour les nourrir.

Les très-jeunes Larves sont d'une couleur bleuâtre, et leur accroissement, par sa lenteur, semble indiquer qu'elles doivent rester longtemps sous ce premier état. L'organisation de ces Larves révèle, dans chacune de ses parties, les fins de la nature. Leur corps, allongé et constamment arqué, semble se prêter merveilleusement à leur genre de vie, en leur permettant d'embrasser plus étroitement les racines des arbres. Leurs pattes, qui ne sont nullement propres à la marche, peuvent au contraire accrocher avec facilité ces insectes aux radicelles dont ils se nourrissent. Enfin, le développement de leur tête, et celui de leurs mandibules et de leurs intestins expliquent comment les Mans s'alimentent de parties aussi résistantes ainsi que l'étendue de leurs dégâts.

Les Mans éclosent généralement dans le courant du mois de juin, tantôt vers son commencement, et tantôt vers la fin, ce qui dépend de l'époque de la ponte et de la durée de l'incubation; ils restent ensuite en famille jusqu'aux premiers froids de l'hiver, et ce n'est qu'alors qu'ils commencent à se disséminer au moment où l'abaissement de la température les force à chercher un abri loin du lieu de leur naissance.

En effet, lorsque l'hiver arrive, les Larves s'enfoncent plus profondément dans le sol, pour y braver en sécurité la rigueur de la saison, et là elles se creusent une espèce de cavité ou de loge souterraine dans laquelle elles s'engourdissent et deviennent immobiles tout le temps que dure le froid.

Après avoir passé ce premier hiver sous la terre et dans l'inaction complète, lorsque le printemps se manifeste, les Mans reviennent à la surface du sol, mais leurs petites familles se trouvent déjà disséminées dès cette seconde année de leur existence. Puis, après avoir employé toute la saison chaude à ronger les racines superficielles des végétaux, lorsque le second hiver se déclare, les larves du Hanneton s'enfoncent de nouveau dans la terre, mais encore plus profondément qu'elles ne l'avaient fait jusqu'alors, leurs organes, plus vigoureux, leur permettant de creuser leur passage avec plus de facilité; et là elles s'engourdissent et hivernent pour ne remonter encore qu'au retour du printemps. Mais, dans ces divers mouvements, ces insectes ne s'éloignent cependant jamais beaucoup du lieu de leur naissance.

On s'accorde à dire que c'est à plusieurs pieds au-dessous de la surface du sol que les Mans hivernent. M. Ratzeburg prétend que ces Larves muent une fois chaque année, et qu'avant d'éxécuter cet acte, elles s'enfoncent profondément dans la terre, où elles creusent, à cet effet, une cavité arrondie et lisse. Les Mans mettent quatre à six jours à accomplir cet acte, et, après ce temps, ils se dirigent vers la surface du sol avec un appétit plus dévorant que jamais. Ces diverses pérégrinations souterraines expliquent pourquoi on rencontre les Mans à des profondeurs qui varient autant. Il paraît aussi que la température et les orages tendent à déterminer quelques perturbations dans l'habitat de ces insectes; et que lorsqu'il se déclare de grandes chaleurs, ils s'enfoncent profondément pour éviter la sécheresse de la terre, tandis qu'au contraire, on les voit s'élever vers la superficie de celle-ci après d'abondantes pluies.

La nourriture des Mans offre assez de diversité. Dans les deux premières années de leur vie. ils ne font usage que de racines peu consistantes ; et, durant la première, ces Larves semblent n'attaquer que les fibres les plus déliées de celles-ci, ou leur chevelu. Elles paraissent même se contenter parfois des radicelles abandonnées dans le sol et en partie ramollies et décomposées par l'humidité. Cela explique pourquoi les femelles déposent volontiers leur progéniture dans les sols nouvellement fumés, et pourquoi on rencontre de jeunes Larves dans des tas de fumier. M. Plieninger prétend même que les jeunes Mans n'attaquent les racines que lorsque le fumier qui les environne est tout à fait épuisé ou mêlé au sol.

M. Mulsant soutient une opinion analogue, et assure que les Vers blancs ne se nourrissent, pendant les premiers jours de leur vie, que des parcelles de fumier qui environnent les racines ou du détritus végétal qui se forme autour de celles-ci. De manière que tout d'abord ces insectes ne feraient aucun tort aux plantes. M. Vibert va même jusqu'à prétendre que les Mans suivent ce régime pendant les deux premières semaines de leur existence. A l'appui de ce fait, il rappelle que de jeunes Mans déposés simplement dans du terreau y ont vécu très-bien pendant deux mois ; et que ce n'est que vers la fin de septembre que l'on commença à apercevoir les ravages de ces vers sur les plantes.

M. Ratzeburg corrobore encore cette assertion, en rapportant qu'à la fin du premier été de l'existence des Larves, il a plusieurs fois rencontré des familles de ces insectes vivant au milieu des radicelles des myrtilles et des bruyères, sans que ces organes en aient été le moindrement attaqués.

Ce qui précède semble démontrer *à priori* que, la première année de leur existence, les Mans produisent peu de dégâts parmi la végétation ; et c'est ce que l'on observe généralement. Les ravages de ces insectes se manifestent surtout durant la seconde et la troisième année de leur vie : leurs mâchoires, plus développées et plus dures, leur permettant alors d'attaquer les plus vigoureuses racines. Parvenus à cet âge, on les voit parfois dévorer des racines de la grosseur d'un chalumeau et plus, et ronger celles de certaines plantes vivaces jusqu'au collet, de manière que celles-ci finissent par tomber sur le sol.

Quand les Vers blancs détruisent seulement les radicelles des végétaux, ceux-ci se font remarquer par leur aspect maladif et la teinte jaunâtre de leur feuillage. Parfois même, lorsqu'une famille de larves attaque une petite plante, on s'en aperçoit à l'ébranlement qu'éprouve sa tige ; et si alors on l'extirpe de la terre, souvent on amène avec ses racines les larves qui les rongent.

Les Mans font d'amples ravages parmi les plantes herbacées : le seigle, les laitues, les fraisiers, le chanvre, les raves, les choux, les trèfles, les luzernes, les pois, les fèves, les lentilles, les lupins, etc., sont fréquemment attaqués par eux.

Les Mans n'attaquent pas seulement les radicelles des plantes herbacées, on les voit se jeter avec non moins de voracité sur les végétaux ligneux, et non-seulement en dévorer le chevelu, mais en outre en ronger les plus fortes et les plus vigoureuses racines. On en trouve sur les jeunes et sur les vieux arbres. M. Ratzeburg a eu l'occasion d'observer de jeunes bouleaux dont ils avaient rongé toutes les racines latérales. Il s'en rencontre aussi très-fréquemment dans les nouvelles plantations de pins; mais ce célèbre professeur ajoute qu'il a souvent vu ces animaux attaquer jusqu'aux plus fortes racines des vieux arbres, et en ronger le pivot et même le collet, ce qu'il a, dit-il, parfaitement observé sur de jeunes ormes, sur des chênes, sur des pins de cinq à six ans, ainsi que sur des cerisiers, des pruniers et des vignes; lésions vraiment extraordinaires, et que l'on serait d'abord tenté de rapporter à quelques mammifères rongeurs, si l'absence de traces de leurs dents ne s'y opposait.

La voracité des Larves est telle, qu'il faut que les sapins aient atteint l'âge de cinq à six ans pour en pouvoir nourrir une seule, et à plus forte raison plusieurs à la fois, pendant tout un été, sans qu'elles aient besoin de se transporter ailleurs. Elles en rongent ordinairement toutes les petites racines, en ne s'arrêtant qu'à celles dont le diamètre approche d'une plume de corbeau.

Les Vers blancs attaquent même quelquefois les racines des vieux arbres avec une voracité dont on ne les croirait pas capables, et l'on est tout étonné, lorsqu'on extirpe ceux-ci, du nombre de Mans qui s'alimentaient de leurs ramifications souterraines. Dans le *Dictionnaire universel d'Histoire naturelle*, M. Duponchel rapporte qu'on en a trouvé un jour presque plein un décalitre, qui se trouvaient rassemblés autour d'une seule souche. M. Vibert cite encore des faits plus remarquables, et rapporte que dans ses cultures les Mans dévorent fréquemment les extrémités des échalas, et vont jusqu'à pratiquer dans ceux-ci des espèces de cellules.

Il y a peu d'années que quelques régions de l'Allemagne, et surtout de la Vieille-Marche, furent ravagées d'une terrible manière par ce fléau. Les Mans, après avoir détruit de fond en comble quelques forêts de sapins, s'abattirent sur des plantations de chênes et de pins que ne purent garantir les clôtures dont elles étaient enceintes. Vers l'automne, ces larves affamées se ruèrent sur les champs de seigle et en dévorèrent toutes les semences au moment où elles commençaient à germer. Là, leur dévastation fut si complète, que les champs durent être relabourés et ensemencés de nouveau. Les plantations de betteraves et d'orge éprouvèrent également les plus grandes pertes.

Dans le dictionnaire universel d'histoire naturelle, M. Duponchel a rappelé une observation dans laquelle les Mans mirent la plus funeste persistance à détruire des plantations de chênes. Six hectares de glandées furent trois fois ensemencés dans l'espace de cinq ans avec une réussite parfaite, et trois fois les jeunes plants furent entièrement détruits par ces larves.

Les larves des Hannetons semblent pouvoir braver assez facilement les grandes inondations, et n'être tuées par le contact de l'eau qu'avec assez de difficulté, quoique cette opinion soit contraire à celle de plusieurs observateurs. M. Ratzeburg raconte, pour corroborer cette assertion, qu'un district de l'Allemagne, qui avait récemment été quatre semaines submergé, n'en fut pas moins, la même année, dévoré par une infinité de Hannetons. Des observations analogues ont parfois été faites en France : M. Duponchel a rappelé que les inondations extraordinaires qui, dans ces dernières années, ont dévasté les bords de la Saône, n'ont nullement paru y avoir décimé la race de ces insectes dévorants. Enfin, M. Plieninger rapporte que dans le Wurtemberg on eut l'occasion d'observer qu'un grand nombre de Larves vivaient et même s'accroissaient dans des terrains inondés. M. Ratzeburg semble confirmer ces assertions, car ce savant raconte qu'il vit des Larves qu'il conservait dans des pots remplis de terre, nager à la surface de l'eau dont on remplissait ceux-ci, puis après s'enfoncer dans le sol délayé qui se trouvait au fond.

Lorsque les Larves et les Chrysalides des Hannetons sont très-enfoncées dans le sol, les froids les plus intenses n'ont aucune action sur elles; mais au contraire, elles se trouvent gelées et elles périssent alors, quand leur résidence a lieu près de la surface de la terre. En 1740, année où le froid se continua dans le nord de l'Europe avec une telle intensité, qu'en juin les champs étaient encore couverts de neige et de glace, Rœsel fait remarquer que l'on ne vit que fort peu de Hannetons, et que l'apparition de ceux-ci n'eut lieu qu'en juillet et août.

Si le froid et les inondations ne paraissent pas anéantir un grand nombre de Mans, il en est tout autrement de l'élévation de la température et des longues sécheresses qui se manifestent dans le cours de certaines années. Elles leur sont funestes et en tuent un grand nombre, parce qu'en rendant le sol sec et dur, il devient impossible aux Larves de le percer pour s'y enfoncer, et celles-ci se trouvent emprisonnées et desséchées dans leur gîte souterrain. Ajoutant l'observation aux préceptes, M. Ratzeburg fait remarquer que, dans le Wurtemberg, en 1836, la chaleur et la sécheresse de l'été furent extrêmement funestes aux Hannetons.

Quoique les causes de destruction mentionnées ci-dessus soient souvent manifestes, cependant on ne peut poser, à cet égard, de lois rigoureusement établies, car il y a des circonstances où la funeste progéniture du Hanneton se dérobe à toutes les influences climatériques. On peut seulement considérer comme certain, que les années très-sèches sont funestes aux Larves de la première et de la seconde année, parce que celles-ci vivent plus rapprochées de la superficie du sol, et qu'à cause de leur faiblesse elles sont moins aptes à se dérober au danger qui les surprend. Il semble aussi que les inondations et les années excessivement humides doivent généralement avoir une influence sur les Larves, lorsque celles-ci, dans leur dernière année, sont devenues extrêmement voraces, et qu'alors, obligées de s'enfoncer plus profondément dans la terre, là elles subissent de longs jeûnes.

Latreille assure que les Mans muent une fois chaque année, au printemps. La majorité des observateurs s'accorde à penser que ces larves ont acquis toute leur croissance à la fin du troisième été de leur vie, et que c'est alors qu'elles se changent en Chrysalide. A ce moment elles sont fort grosses, et si on les ouvre, on trouve dans leur intérieur une masse d'un tissu blanc comme de la crême, de nature huileuse, et plus léger que l'eau. Celui-ci ne paraît être qu'un amas de substance nutritive mise en réserve pour fournir au développement ultérieur des organes, et à l'alimentation pendant le long espace de temps que durera la transformation de la Nymphe en insecte parfait.

·Selon M. Ratzeburg, cette métamorphose a ordinairement lieu dans la dernière moitié du mois d'août. Cependant, il dit avoir parfois rencontré des Chrysalides déjà formées dans les premiers jours de ce même mois. D'autres observateurs, avec M. Lüdecke, ont, au contraire, reconnu que certaines Larves conservaient toute leur activité durant le mois de septembre, et ne se transformaient en Chrysalide qu'en octobre. Toutes ces différences s'expliquent facilement par le plus ou moins d'alimentation que l'insecte a eu à sa disposition, et peut-être par la température qui a régné.

Quoi qu'il en soit, lorsque les Vers blancs sentent approcher le moment où ils vont se métamorphoser, on les voit se vider de leurs excréments et s'enfoncer dans le sol, à une profondeur qui, selon M. Ratzeburg, peut atteindre jusqu'à six pieds.

Parvenu à cet endroit, le Mans se creuse une cavité ovoïde, dont il consolide et lisse les parois en les imprégnant, selon M. Duméril, avec une sorte de bave qu'il excrète abondamment. Jamais, d'après M. Ratzeburg, et quoi qu'en ait dit Latreille, les parois de cette espèce de cercueil temporaire ne sont tapissées de filaments soyeux. Pendant la durée de ce dernier travail, la Larve paraît languissante et malade, et lorsqu'il est terminé, elle se gonfle, se raccourcit, et éprouve une dernière mue qui donne naissance à une Chrysalide molle et d'un blanc jaunâtre. Déjà sur celle-ci on distingue les rudiments des membres, des élytres et des antennes. Cette Nymphe, qui est longue de 28 à 30 millimètres environ, est terminée en arrière par deux pointes, et porte près d'elle, et parfois encore suspendue vers sa région postérieure, la dernière peau dont elle s'est dépouillée.

Les Chrysalides n'arrivent à l'état parfait qu'après une longue élaboration. Elles sont d'abord molles et blanches; puis, au bout de quelques semaines, elles deviennent de plus en plus dures et d'une couleur foncée ; mais cependant l'insecte reste encore longtemps sous son enveloppe de Chrysalide ; ce n'est qu'au printemps, vers la fin de février, et à l'époque où les bourgeons commencent à se développer, qu'il la déchire et sort de sa double prison. Mais alors le Hanneton est mou et jaunâtre, et il reste quelque temps encore en repos, afin de laisser ses organes acquérir la consistance et la coloration qu'ils présentent lorsque leur développement est achevé. Ce n'est qu'à ce moment que l'insecte se trouve assez robuste pour commencer à creuser la route par laquelle il s'avance vers la superficie du sol. Ce travail ne marche qu'avec lenteur ; aussi, en mars, les Hannetons ne sont-ils généralement parvenus qu'à six à huit pouces de celle-ci, ce qui fait qu'on en rencontre fréquemment là lorsqu'on ouvre la terre à l'aide du soc ou de la bèche.

Mœurs du Hanneton à l'état parfait.

L'apparition des Hannetons a généralement lieu à une époque assez fixe. L'inclémence des saisons semble avoir peu d'action sur cet acte, probablement à cause de la profondeur à laquelle ont lieu, dans le sol, les dernières phases du développement de ces insectes. On conçoit cependant que lorsque ceux-ci se trouvent sur le point de prendre leur vol, et qu'ils sont parvenus à la superficie du sol, si le temps est froid, engourdis par l'abaissement de la température, ils attendent là et ne se montrent pas. M. Ratzeburg fait remarquer que cela eut lieu, en 1836, en Allemagne, où la température et les gelées nocturnes retardèrent l'apparition de ces coléoptères, on ne les vit sortir de terre qu'avec le temps chaud.

Lorsque les Hannetons sont parvenus à l'état parfait, leurs mœurs changent de fond en comble, ainsi que l'a fait leur organisation. Alors ils restent la majeure partie de la journée, dans une sorte d'immobilité ou de sommeil, sur les feuilles des arbres dont ils se nourrissent. Ce n'est que pendant les jours où la température s'élève extrêmement qu'on les voit voler pour chercher un abri qui les dérobe à l'excès de chaleur et de lumière qu'ils semblent redouter. C'est seulement vers le soir qu'ils sortent de leur état de torpeur, et qu'ils volent pour aller à la recherche de leur nourriture ou pour s'occuper de la reproduction. Lorsque la nuit est totalement venue, ils rentrent dans le repos et restent fixés aux feuilles jusqu'au matin.

Ces insectes n'ont qu'un vol lent et bruyant, qu'ils exécutent avec peine et toujours dans la direction du vent. Ils ont même tant de difficulté à se guider pendant cet acte, qu'à chaque instant ils se heurtent sur les arbres ou les maisons qui se trouvent sur leur passage, ce qui, en France, a rendu l'étourderie du Hanneton tout à fait proverbiale.

Il est essentiel de faire remarquer que le vol lent et lourd des Hannetons ne leur permet ni de s'élever haut, ni de franchir de grands espaces, de manière que ces insectes restent constamment attachés aux localités où ils naissent, et que leurs dévastations sont le plus souvent tout à fait locales. Les montagnes offrent d'insurmontables obstacles à leur dissémination; aussi observe-t-on fréquemment que, lorsqu'une contrée est séparée d'une région voisine par de hautes collines, les Hannetons de l'une de ces contrées ne se propagent jamais dans l'autre. Parfois même, il existe une espèce de ce genre d'un côté, et, de l'autre, on trouve une autre espèce; c'est ce que l'on a reconnu à l'égard des Alpes de la Souabe.

Le vol des Hannetons étant lent et difficile, ce n'est que fort rarement, et à l'aide de circonstances concomitantes, que ces insectes se transportent au loin. On dit cependant, mais cela doit être fort rare, qu'après avoir dévoré totalement le feuillage de certaines forêts, on les a vus se réunir en légions compactes, et, ainsi que les Sauterelles d'Orient, se transporter au loin en nuées innombrables, pour s'y abattre sur les cultures. M. Duponchel rapporte qu'en 1841, un observateur vit une colonie de ces insectes traverser la Saône dans la direction du sud-est pour aller s'abattre sur les vignes des environs de Mâcon. Pendant un certain temps, les rues de toute cette ville en furent complétement jonchées.

Les Hannetons ne volent, ainsi que nous l'avons dit, qu'avec assez de difficulté, et, avant de s'adonner à cet acte, pour le rendre plus facile, ils s'efforcent d'introduire une grande quantité d'air dans les vésicules de leurs trachées. Dans ce but, quelques secondes avant de prendre leur essor, ils élèvent et abaissent successivement leurs élytres et dilatent en même temps les anneaux de leur abdomen, afin de faciliter l'introduction de l'air par les stigmates. A l'aide de ce moyen, le volume du corps de ces insectes s'accroît, et, rendus ainsi plus légers, ils s'envolent.

A l'état parfait, le Hanneton se nourrit du feuillage de la plupart des végétaux ligneux. Il attaque surtout les ormes, les chênes, les peupliers, les hêtres, les sorbiers, les épines et les noyers. Ce n'est qu'assez rarement que cet insecte ronge les feuilles des conifères; cependant, M. Ratzeburg dit qu'on le voit parfois se nourrir à même celle des pins et surtout des mélèzes. Ce savant rapporte qu'il a lui-même nourri des Hannetons avec ces feuilles, mais aucun de ces insectes, durant ses expériences, n'a attaqué celle des sapins. Au mois de mai, on rencontre, il est vrai, de temps à autres, quelques légions de Hannetons sur ces conifères, mais ils ne s'y rendent que pour en ronger les chatons mâles encore non épanouis, dont ils se nourrissent volontiers. L'on n'observe que fort rarement ces insectes sur les végétaux herbacés, et ils ne les rongent que dans les contrées dépourvues d'arbres. Dans l'une de celles-ci, M. Ratzeburg rapporte qu'il les vit dépouiller entièrement des champs de raves.

Lorsque la saison est belle et que les journées sont chaudes, les Hannetons, accomplissant plus rapidement les derniers actes de leur vie, disparaissent presque tous en mai et tout à coup. Mais si ce mois a été froid et pluvieux, ces insectes se cachent pour se soustraire aux intempéries de l'atmosphère et on en trouve encore pendant tout le mois de juin. En 1836, on en rencontra même pendant celui de juillet. Durant l'année que nous traversons, si remarquable par l'inclémence du temps, nous avons vu leurs légions apparaître fort tard dans le mois de mai; et, durant tout le mois de juin, chaque beau jour nous avons pu faire recueillir des Hannetons en assez grande abondance.

Le Hanneton, qui a mis tant de lenteur à se développer, n'a cependant qu'une existence fort éphémère lorsqu'il est arrivé à l'état parfait. Selon Latreille, il ne vit qu'environ huit jours sous ce dernier état. M. Vibert leur prête une existence de plus de moitié plus longue, et il me paraît avoir raison. D'après lui, ces insectes prolongeraient leur vie quinze à vingt jours hors du sol.

La durée totale de la vie du Hanneton était assez

difficile à fixer rigoureusement, à cause des mœurs souterraines de sa larve ; aussi voit-on qu'il y a longtemps eu quelques doutes à cet égard. Latreille, Audouin, et plusieurs autres naturalistes, par prudence, n'en avaient point déterminé exactement le terme, et s'étaient contentés de dire que cet insecte vivait de deux à quatre ans. MM. Rœsel et Ratzeburg ont été plus explicites, en affirmant que le Hanneton vit quatre ans.

A ce sujet, ce dernier fait observer qu'en France les années 1805, 1809, 1813 et 1817 ont été remarquables par une périodique fécondité de Hannetons. M. Ratzeburg va jusqu'à prétendre que lorsque l'été est mauvais et que de longues pluies empêchent les Mans de se bien nourrir, ils vivent même une année de plus. On expliquerait par là, selon ce naturaliste, certaines années fécondes en Hannetons, après une période de cinq ans.

Mais, malgré toute l'autorité qu'a pour nous, ordinairement, l'opinion du savant Prussien, nous ne pouvons, dans cette circonstance, partager sa manière de voir. M. Heer, professeur d'histoire naturelle à Zurich, a démontré, dans ces derniers temps, avec beaucoup d'insistance, que toutes les métamorphoses du Hanneton s'accomplissent en trois années, et que c'est là le terme de la vie de ce coléoptère. C'est cette opinion qui est la plus généralement adoptée aujourd'hui, et c'est elle que l'observation, du moins dans nos latitudes, semble devoir appuyer ; car, en Normandie, c'est plus particulièrement de trois en trois ans, que l'on remarque des années homologues sous le rapport de la reproduction des Hannetons.

M. Vibert, qui a été à même de faire de nombreuses

observations sur ce coléoptère, adopte également cette opinion, et distribue ainsi la vie du Hanneton. Selon lui, cet insecte reste à l'état de larve pendant vingt-quatre mois; il passe ensuite huit mois sous la forme de Chrysalide, et depuis le moment où il s'échappe des enveloppes de celle-ci jusqu'à sa mort, il s'écoule quatre mois, ce qui fait en tout trente-six mois ou trois ans.

Il est vrai cependant que la vie active ou les déprédations du Hanneton, sont loin de se prolonger autant de temps. M. Vibert en trace ainsi le cours, et leur donne seulement quatorze mois de durée ainsi distribués :

Vie active des Mans.

1re Année,	de juillet en novembre.	4	mois.
2e	— d'avril en novembre.	7	—
2e	— d'avril en juillet.	3	—
		14	mois.

L'état d'engourdissement se prolonge bien davantage. En voici le tableau :

1er Hiver,	de novembre en avril.	5	mois.
2e	— de novembre en avril.	5	—
3e	— Chrysalide, de juillet en mars. .	8	—
Hanneton sous terre environ.		3	—
		21	mois.

DEUXIÈME PARTIE.

PREMIÈRE SECTION.

DE LA DESTRUCTION DU HANNETON DANS LA GRANDE AGRICULTURE.

Moyens préventifs.

Dans un grand état il est possible d'opérer la destruction totale des Hannetons ; mais on ne peut espérer d'atteindre ce but à l'aide des recettes que l'on préconise dans tant d'ouvrages ; il faut pour cela des mesures plus larges et qui, bien entendues, soient employées sur tout le territoire ; il faut que la loi vienne au secours de l'agriculture.

Tant que ces mesures générales et d'une incontestable efficacité n'auront pas été adoptées, le mal sera sans remède.

Quel bien pourrait, en effet, produire, dans une contrée, l'extermination locale et entière du Hanneton, si la négligence des agriculteurs d'une zône voisine le laisse pulluler en paix? L'année qui suivra, il franchira l'espace à l'aide de ses ailes et des vents, et il reviendra envahir le canton où on l'avait naguère anéanti.

C'est donc avec raison que plusieurs hommes d'état ont parfois essayé de provoquer des lois qui fussent applicables à tout le territoire.

L'antiquité nous a donné, à cet égard, d'excellents exemples; et l'on peut se convaincre que la législation de certains pays contraignait les habitants à faire une guerre habilement dirigée et incessante aux animaux qui ravagent les produits agricoles. Là, on forçait chaque particulier à fournir annuellement un certain nombre de mesures d'insectes nuisibles; ailleurs, on faisait faire à ceux-ci une guerre qui variait selon les saisons et selon les divers états que ces animaux présentent. Il ne s'agirait donc que d'imiter ce que les anciens ont fait d'utile, en ayant seulement le soin de mettre les lois nouvelles en harmonie avec nos mœurs et notre civilisation, avec l'importance de notre agriculture et les récentes conquêtes des sciences.

Un autre précepte non moins essentiel, c'est que les moyens employés offrent une grande économie, et qu'ils n'enlèvent pas aux localités des sommes qui dépassent la valeur des dégâts. Ces moyens efficaces et économiques, on ne peut espérer les trouver qu'après une étude scrupuleuse des mœurs et des habitudes de l'animal, et en suivant les préceptes des Écoles forestières de l'Allemagne, qui nous donnent de si beaux modèles en ce genre. Ces moyens deviendront encore d'une application plus large si l'on apprend à utiliser l'animal, ce qui est possible, et par conséquent à diminuer les frais occasionnés pour sa destruction.

Lorsque l'on s'occupe en grand de la destruction des Hannetons, il est toujours important de noter les années durant lesquelles ceux-ci se montrent avec plus d'abondance, afin de prévenir par là les époques où l'incubation produira de plus nombreuses légions de ces insectes. On base sur cette connaissance, soit les plantations que l'on doit faire exécuter, soit les préparatifs des moyens de destruction. Dans son *Traité des Hylophthires,* M. Ratzeburg pose ceci comme une règle essentielle.

Ce précepte de combiner les plantations forestières avec les éventualités que peut offrir l'abondance plus ou moins considérable des Larves, est déjà pratiqué par les agronomes allemands, ainsi qu'on peut le voir en consultant leurs annales. En supputant le retour d'une période qui devait être d'une malheureuse fécondité en Larves, un grand propriétaire, M. Meyerinck, en parlant d'une exploitation de quatre-vingt-dix arpents, écrivait à M. Ratzeburg : « Je n'ai pas l'intention de renouveler cette année ma plantation, qui a été totalement dévorée par les Mans, quoique je possède en ce moment de magnifiques plants de sapin. » Il ajoute qu'en l'exécutant il craindrait qu'elle ne fût faite que pour la pâture des Hannetons.

Les forestiers allemands ont eu aussi l'occasion de remarquer qu'au moment de la reproduction les Hannetons volent de préférence par essaims aux environs des bouleaux, des hêtres et des chênes, ce qui fait supposer que c'est au pied de ces arbres que les femelles déposent plus ordinairement leurs œufs. Cette observation a fait dire à quelques agronomes étrangers qu'il serait peut-être sage de détruire plusieurs années à l'avance les plantations de bouleaux, de hêtres et de chênes, que l'on veut remplacer par des sapins, afin d'empêcher nos coléoptères funestes d'essaimer dans le lieu où doit se faire la nouvelle culture, alternance qui s'opère souvent dans quelques cercles de l'Allemagne. Dans cette circonstance, il paraît y avoir un avantage réel à ne pas régénérer immédiatement l'œuvre de la hache par de nouvelles plantations. C'est là l'opinion de quelques forestiers habiles. Quelques-uns de ceux-ci prétendent même que déjà l'observation dépose en faveur de cette pratique, et que, dans les endroits éloignés des divers arbres que nous venons de citer, ou dans ceux où on les a abattus depuis longtemps, les sapins prospèrent mieux et sont moins sujets à être détruits par la dent des Mans.

La connaissance des mœurs du Hanneton peut donner au forestier les plus utiles renseignements relativement au mode de culture qu'il doit suivre. Comme on sait que les femelles ne déposent leurs œufs qu'avec beaucoup plus de difficulté dans les bois où la reproduction s'opère par les voies naturelles, à cause de la profusion de petites plantes qui jonchent le sol, et, qu'en outre, les Larves n'y subsistent qu'avec plus de peine, à cause de l'impénétrabilité du terrain, dans les localités où les cultures se trouvent exposées à être ravagées par les Mans, M. Ratzeburg prescrit, avec raison, d'y adopter le mode naturel pour la régénération sylvestre, et il pense que là il se forme toujours, malgré les obstacles, un canton de bois vigoureux et compacte.

Mais lorsque, par la force des circonstances, on ne peut suivre ce précepte et que l'on est obligé de recourir à la régénération artificielle, « l'on doit d'abord, dit M. Ratzeburg, éviter les plantations de plants d'un à deux ans avec racines découvertes, parce que les Larves arrivent facilement à ces racines et les rongent en entier. Dans les plantations affermies par des mottes de terre, ces deux choses leur deviennent plus difficiles. Parmi les ensemencements, celui en étroites rigoles ou bandes alternées, ainsi que celui par trous ou par places, sont bien moins recommandables que ceux après labour par larges sillons ou avec répartition égale des grains sur la totalité de la surface. En effet, les petites plantes viennent toujours fort serrées dans les premiers, ce qui fait que des places entières sont souvent dévorées complétement, tandis que dans les autres les Larves, ne pouvant arriver partout, laissent ainsi maintes tiges inattaquées. »

D'après le système de M. Pfeil, les plantations de sapins d'un à deux ans et à racines découvertes seraient défavorables, parce que les Larves les attaquent facilement. Il recommande de n'opérer que sur des individus plus âgés, parce que déjà leurs racines sont assez développées pour que les Mans ne puissent les ronger complétement.

Dans plusieurs écrits, qui datent déjà de quelques années, on avait prétendu que l'odeur du goudron, extrait du charbon de terre, jouissait de la propriété de faire fuir les Larves du Hanneton. Des essais tentés dans les jardins ont démontré l'exactitude de cette assertion. D'après cela, certains forestiers étrangers ont pensé qu'on devrait utiliser cet agent lorsqu'on fait de nouvelles plantations. Ils proposent de tremper des feuilles de chêne sèches dans ce goudron, et de mettre une de celles-ci sous chaque semence d'arbre que l'on plante ou sous chaque petit individu, en ayant soin de l'en séparer par une légère couche de terre. Comme ce moyen est fort peu coûteux, et que l'odeur de cet agent se conserve longtemps, on peut en obtenir de bons résultats.

De la destruction de l'Insecte parfait.

Sans contredit, les chasses opérées avec discernement et persévérance doivent être regardées comme le moyen le plus efficace pour arriver, à l'aide du temps, à la destruction radicale des Hannetons; et, ainsi que l'a dit M. Vibert, celle-ci est facile, mais il faut y procéder avec discernement.

Les résultats qu'on peut obtenir dans la grande agriculture par les chasses faites aux Hannetons ont été appréciés depuis longtemps par les agronomes les plus éminents. Dejà Rozier *(Cours d'Agriculture)* les préconise comme le plus efficace moyen, et prescrit de les continuer pendant un certain nombre d'années en les exécutant sur une grande échelle. Aujourd'hui encore, celles-ci sont considérées par MM. Ratzeburg, Delarue, Virey, Duponchel, Vibert et tous les hommes pratiques, comme le plus excellent moyen à employer.

Dans certains pays ravagés par les Hannetons, l'intérêt commun porta les cultivateurs et les jardiniers à s'organiser en société, dans le but de travailler plus efficacement à l'anéantissement de ces insectes. Cette disposition était de nature à produire d'heureux effets, mais pour que le but soit complétement atteint, il eût fallu qu'elle fût générale. M. Eyler, forestier supérieur de Thale, dit qu'aux environs de cette ville, par les soins de cette association, des ouvriers et des enfants livrèrent rapidement 2,236 boisseaux de Hannetons. Chaque boisseau contenait environ 15,000 insectes, ce qui fait que l'on peut porter au chiffre de 33,540,000 le nombre de Hannetons qui furent exterminés en une seule année. Les premiers boisseaux furent payés 60 centimes, les autres seulement 3. On tua tous ces insectes à coups de fléau, et ils furent ensuite employés comme engrais.

Les associations agricoles de divers cantons de la Suisse, et en particulier la Société d'Agriculture de Berne, ont déjà préconisé ces grandes chasses et offert des primes à ceux qui s'y livraient. En Allemagne, elles sont organisées sur une vaste échelle, dans quelques localités. Les départements de la Seine-Inférieure, de Seine-et-Oise et quelques autres, à différentes époques, votèrent des sommes qui devaient être employées au *Hannetonnage*. La Société d'Agriculture du dernier département, appréciant même tout ce que cette mesure a d'important, dans un de ses rapports, daté de 1834, implore l'appui de l'autorité supérieure pour obtenir des mesures générales.

Ce sera, en effet, dans celles-ci que l'on pourra seulement trouver une ressource efficace et décisive. Mais il faut nécessairement l'appui de la loi pour arriver à exterminer totalement la race du Hanneton : sans loi formelle, on ne parviendra qu'à pallier le mal. On a lieu de s'étonner que, dans notre arsenal de lois, il n'en existe aucune contre ces insectes, que tant d'agriculteurs, à l'exemple de M. Vibert, nomment *le plus grand fléau de la culture*, tandis que les chenilles, dont les dégâts sont bien moins redoutables, se trouvent traquées activement par la législation. Ainsi que le dit avec raison M. Vibert, il faut demander des armes à l'autorité, des secours à la science, et ne pas compter sur les moyens de persuasion près des habitants des campagnes. (Vibert, du ver blanc, exposé de ses ravages et de la nécessité de le détruire sous forme de Hanneton. Paris, 1827.)

Lorsque les agriculteurs s'entendront à diriger rationnellement leurs efforts, la destruction de l'insecte qui leur cause tant d'épouvante, ne leur échappera pas; mais, pour en anéantir complétement les légions dévorantes, aux chasses entreprises avec intelligence il faudra encore joindre une grande persévérance.

C'est évidemment au moment du vol que la destruction du Hanneton peut se faire avec le plus d'efficacité et d'économie. Anciennement on faisait déjà, à cet effet, opérer des battues générales dans les campagnes, à l'aide des mendiants et des enfants. Mais ce moyen, qui est assurément le plus salutaire et le plus rapide, demande, pour en obtenir toute l'efficacité désirable, d'être dirigé avec un certain discernement. L'apathie des agriculteurs tend malheureusement trop souvent à proscrire ce remède souverain. Là les hommes valides croient qu'une semblable besogne les ravale au niveau des enfants; ailleurs, on pense pouvoir se reposer sur les animaux carnassiers pour la destruction des Hannetons; enfin, dans certains endroits on ne consent à s'en occuper que dans les années où ces insectes apparaissent en masse.

La récolte des Hannetons est, ainsi que M. Ratzeburg l'exprime, facile et peu coûteuse dans les endroits où il existe de grandes cultures dirigées avec habileté, ainsi que dans les jardins de large dimension. Les arbres qu'on y rencontre de place en place, deviennent autant de repaires sur lesquels les légions de notre coléoptère se rassemblent et où on peut les attaquer avec facilité. Au contraire, dans les vastes forêts, la chasse est beaucoup plus difficile et exige proportionnellement de plus grandes dépenses. Dans les jeunes semis de pins, cependant, on ne doit jamais la négliger, car souvent les Hannetons les fréquentent pour y déposer leur progéniture, trop friande de leurs racines.

Quoiqu'on soit forcé de convenir que, si la récolte des Hannetons est facile sur les jeunes arbres et dans les avenues et les vergers, au contraire elle devient presque impraticable dans les grandes forêts; cependant, les forestiers allemands, ainsi que le proposent MM. Pfeil, Meyerinck et quelques autres, croient qu'on pourra parvenir à conjurer le fléau dans la plupart des forêts et à diminuer le nombre de ces insectes, en les chassant à l'aide d'arbres d'appât, formés avec des essences qu'ils paraissent préférer, tels que les chênes, les bouleaux et les hêtres. M. Ratzeburg conseille même, à cet effet, un moyen qui semble devoir être fort efficace : C'est de planter çà et là quelques bouleaux épars dans les forêts de conifères, ou de réserver, de place en place, dans les coupes, quelques-uns des arbres à feuilles planes, que la dent des Hannetons attaque de préférence. Là, on sera toujours sûr de les rencontrer.

Les chasses aux Hannetons doivent avoir lieu dès le moment de leur apparition, car si on leur donne le temps de s'accoupler et de pondre, elles deviennent absolument inutiles, les femelles ayant déjà déposé leur progéniture dans le sol. En commençant aussitôt que ces insectes se montrent, il est vrai que le résultat des battues paraîtra beaucoup moins important, mais, en réalité, le but est beaucoup mieux atteint que lorsqu'on en détruit inutilement des masses, qui, sans nos efforts, devaient naturellement périr.

Il faut absolument choisir le matin pour exécuter les chasses. Lorsqu'on les fait pendant la chaleur du jour, les Hannetons sont plus vivaces, et à mesure qu'on les fait choir, beaucoup prennent leur essor et s'échappent. On remarque aussi que plus les nuits sont froides, plus ils tombent facilement, et plus ils se tiennent sur les branches basses. M. Ratzeburg professe comme thèse générale que, lorsqu'il fait chaud, la récolte est peu avantageuse.

Les gens qui s'occupent de la récolte des Hannetons sont armés d'un bâton ou d'une cognée, et portent avec eux un sac ou un panier pour enlever le produit de leur battue. Chaque jeune arbre qu'ils supposent servir de gîte à ces insectes est secoué brusquement, afin de les faire choir sur le sol. Le bâton sert à frapper et à ébranler les branches basses pour en faire tomber les Coléoptères; mais quand ceux-ci résident dans les branches élevées des gros arbres, ils ne sont plus accessibles. Lorsque, par un ébranlement subit, ces animaux ont été précipités sur le sol, on les recueille et on les place immédiatement dans des sacs. Si le dessous des arbres est couvert d'herbes ou de mousses, on a soin, pour ne point perdre les individus qui tombent, d'étendre des toiles sous chaque branche que l'on secoue.

Par rapport à la rétribution qui doit être accordée à ceux qui recueillent ces insectes, on conçoit que l'on ne peut la fixer d'une manière générale; elle devra varier en raison du prix du travail dans les localités, ainsi que de la plus ou moins grande abondance des Hannetons. On devra, par exemple, l'élever d'abord beaucoup au commencement de leur apparition, moment où ils sont peu abondants, mais où il est plus que jamais urgent d'en opérer la capture.

Dans les pays où l'on s'occupe de la destruction des insectes nuisibles, on rétribue généralement les travailleurs en raison du nombre de mesures qu'ils en présentent aux délégués de l'autorité. Souvent on paye de 15 à 20 centimes le décalitre de Hannetons. Vers la fin de la saison, ce prix doit être diminué.

D'après les observations que j'ai fait faire avec soin, chaque litre bien rempli contient 400 Hannetons et pèse environ 400 grammes (la pesanteur moyenne de ces insectes étant 1 gramme). Le décalitre contient donc environ 4,000 insectes, ce qui fait qu'au prix moyen de 20 centimes qu'on paye cette mesure, chaque tête de Hanneton revient à 1/200e de centime.

Il est essentiel de faire observer que les primes ne devront jamais être accordées qu'autant que les récolteurs présentent des Hannetons vivants; car si la récolte de ces insectes avait lieu vers la fin de la saison et que l'on ne se conformât pas à ce précepte, il arriverait que l'on n'apporterait en grande partie aux commissaires que des insectes morts ou exténués, ce qui rendrait la chasse absolument inutile, puisque les femelles se seraient déjà enfoncées dans la terre pour y déposer leurs œufs.

Lorsque les collecteurs de Hannetons ont livré leur butin, on doit s'occuper de le mesurer, puis ensuite de l'exterminer. Mais comme ces insectes sont doués d'une résistance vitale extrêmement énergique, ce dernier acte est assez difficile à exécuter. Cependant, on y parvient efficacement à l'aide de deux procédés : l'écrasement et l'asphyxie.

Dans le but d'en finir rapidement, quelques agronomes ont proposé de tuer ces insectes en les plongeant dans de l'eau bouillante. Mais ce procédé lorsque l'on opère en grand est long et fort coûteux, aussi on ne peut l'employer, et faut-il absolument en chercher quelque autre qui à la rapidité réunisse l'économie.

Souvent on écrase les Hannetons à coups de fléau ou à l'aide de pioches, dans les sacs où on les a amassés. Mais ce procédé est long et présente un inconvénient, son extrême malpropreté. Quelques personnes se contentent de déposer les Hannetons dans des fosses, puis de les recouvrir de terre. C'est un procédé défectueux, parce que, comme ils continuent à vivre là assez longtemps, un certain nombre de ceux qu'on a ainsi placés peut s'échapper et les autres avoir encore la force de déposer leurs œufs dans le sol. M. Ratzeburg assure que des Hannetons qui avaient été mis dans des fosses furent encore trouvés vivants six semaines après. Quoique cette assertion me paraisse inexplicable, tant ce terme est long, je ne puis cependant la récuser lorsqu'elle provient d'une semblable autorité.

Quoi qu'il en soit, c'est en asphyxiant les Hannetons qu'on parvient seulement à les tuer avec le plus de facilité et d'économie ; seulement, il faut bien se convaincre que ce procédé, pour réussir complétement, demande une certaine persévérance.

En grand, on pourra asphyxier ces insectes en en remplissant des tonneaux ou de grands coffres que l'on ferme ensuite fort hermétiquement, et en ne les retirant de ceux-ci que plusieurs jours après que tout mouvement a cessé dans leur masse. On peut aussi jeter la récolte de Hannetons dans de grandes cuves, que l'on remplit d'eau, et sur lesquelles on place ensuite un couvercle pour empêcher les Coléoptères de remonter à la surface. Après un certain laps de temps, qui dépend de l'élévation de la température, on les extrait du liquide pour les employer.

Mais des expériences m'ont démontré que, soit que l'on emploie l'un ou l'autre de ces procédés, il n'en faut pas moins persister plusieurs jours pour atteindre le but désiré. Lorsqu'on prive d'air une masse de Hannetons, en la plaçant sous une cloche ou en l'exposant sous l'eau, en un temps fort court tous les insectes qui s'y trouvent paraissent frappés de mort. Ils n'offrent aucun mouvement et l'odeur qui s'en dégage semble déjà un indice de putridité; cependant, si on place ces animaux à l'air libre et sous l'influence d'une chaleur modérée, quelques heures après, leurs mouvements recommencent et tous reprennent leur vol.

Voici quelques expériences que nous avons faites à cet égard.

Dans nos premières expériences, des Hannetons furent placés sous l'eau, dans des cloches que l'on en avait remplies. La submersion ne fut prolongée que pendant une heure. Alors tous étaient absolument immobiles et offraient l'apparence de la mort. Exposés ensuite à l'air libre, à une température de 23 deg. cent., tous se ranimèrent rapidement, et ils reprirent leur vol au bout d'environ trente minutes.

Dans d'autres expériences, la submersion fut prolongée vingt-quatre heures. Tous les insectes semblaient non-seulement morts, mais avoir déjà subi sous l'eau un commencement de décomposition, à cause de la fétidité et de la légère coloration que le liquide avait contractées. Les Hannetons ayant été retirés de l'eau et exposés à l'action de la lumière et d'une température de 25 deg. cent., au bout d'une heure, donnèrent presque tous des signes de vie, consistant dans des mouvements spasmodiques des tarses antérieurs. Abandonnés ensuite pendant une nuit, dans un lieu où la température s'abaissa à 15 deg., le lendemain les quatre cinquièmes de ces insectes reprirent leur vol.

Dans des expériences durant lesquelles la submersion fut prolongée de quarante-huit heures à cinq jours, les Hannetons, qui semblaient évidemment en putréfaction lorsqu'on les retira de l'eau, donnèrent cependant encore quelques signes de vie. Après plusieurs heures d'immobilité, quelques mouvements se manifestèrent dans leurs tarses, mais aucun de ces insectes ne put se ranimer complétement.

Ces diverses expériences peuvent éclairer sur la durée qu'il faut donner à la submersion, lorsque l'on juge devoir employer ce moyen pour tuer les Hannetons. Quoique ceux-ci offrent rapidement toutes les apparences de la mort, il n'en faut pas moins qu'ils restent sous l'eau au minimum quarante-huit heures, si l'on veut être certain qu'aucun ne se ranimera.

Il est encore plus difficile d'asphyxier ces insectes dans des caisses; aussi, si l'on adoptait ce procédé, faudrait-il les laisser renfermés un temps encore plus considérable.

L'expérience suivante montre même qu'une température assez élevée, jointe à la privation d'air, ne suffit pas pour tuer rapidement ces insectes. Ayant rempli de Hannetons une cloche en verre, et l'ayant exposée à un soleil qui élevait alors le thermomètre centigrade à 45 deg., après quinze minutes, tous ces animaux paraissaient avoir été frappés de mort. Aux mouvements désordonnés qui s'étaient d'abord manifestés, avait succédé la plus parfaite immobilité. Cependant l'expérience fut prolongée. Après une heure, les Hannetons furent enlevés et placés dans un endroit où la température était à 15 deg. On n'espérait pas qu'à la suite d'une semblable épreuve aucun pût revenir. Cependant, le lendemain, à peu d'exceptions près, tous avaient repris leur vol.

Lorsque l'agriculteur s'occupe de la destruction du Hanneton, il ne doit pas oublier qu'outre les moyens immédiats qu'il emploie, il existe encore des auxiliaires éloignés qu'il peut appeler à son aide avec le plus grand avantage : ce sont divers animaux dont il méconnait trop souvent l'œuvre, et dont l'action incessante et intéressée, s'opérant sans relâche, vient puissamment seconder ses efforts.

Au nombre des animaux qui viennent en aide à l'homme pour la destruction des Hannetons, M. Ratzeburg range avec raison les Taupes, les Blaireaux, les Martres, les Renards, les Hérissons et les Chauves-Souris, parmi les mammifères. A l'égard des oiseaux, on doit principalement citer les Corneilles, qui dévorent un nombre considérable de Mans dans les terres labourées. L'insecte parfait est principalement attaqué dans son vol par les petites espèces de Faucons, les Hiboux, les Pies, les Pies-Grièches, les Engoulevents, et même par quelques petits oiseaux chanteurs. On dit aussi que les Grenouilles et les serpents en mangent quelques-uns. Au lieu donc de faire une guerre si persévérante à la plupart de ces animaux, ainsi que cela a lieu, il faudrait s'entendre pour leur assurer une protection d'autant plus large qu'ils ont une plus grande utilité.

C'est avec raison que M. Ratzeburg place les Taupes au premier rang des animaux qui font une guerre active aux Hannetons. En effet, aucun mammifère n'en détruit un plus grand nombre que celui-ci. Il les dévore soit à l'état de Larve, soit à l'état parfait, lorsqu'il les rencontre en creusant ses boyaux souterrains.

L'histoire de la Taupe a singulièrement été altérée par des agriculteurs qui manquaient des connaissances nécessaires pour apprécier ses mœurs, et aussi par des personnes préposées pour la destruction de cet animal, qui s'efforcèrent, par spéculation, d'en grossir les dégâts. Les élucubrations de M. Cadet de Vaux firent tellement redouter ce mammifère, que certains départements proposèrent même de s'imposer extraordinairement pour en extirper la race ; dans ce but, on créa dans quelques localités plusieurs écoles de Taupiers...

Et cependant la Taupe était absolument innocente de tout le mal qu'on lui prêtait, et au lieu de nuire à l'agriculture, elle peut, dans certains cas, lui rendre d'importants services. Cet animal est essentiellement insectivore, et, quoi que l'on en ait dit, jamais il ne ronge les racines d'aucun végétal. Sur plus de deux cents Taupes que j'ai eu l'occasion de disséquer, dans le but d'éclairer cette discussion, jamais je n'ai rencontré de débris de plantes dans leur estomac; celui-ci était constamment rempli de fragments de Vers de terre, de Mans, de Hannetons et de divers autres insectes; quand, ce qui était rare, j'y rencontrais quelques fragments de radicelle, ils n'y avaient assurément été introduits que parce qu'il s'étaient trouvés embrassés par la proie sur laquelle l'animal s'était précipité. La Taupe vit si peu de végétaux qu'elle périt d'inanition, en un temps fort court, au milieu de ceux-ci.

Un fait qu'il est de la plus haute importance de mettre à la connaissance des agriculteurs, c'est que ce petit insectivore est d'une voracité extrême. Un de nos plus célèbres observateurs, M. Flourens, a constaté que les Taupes expiraient lorsqu'on les laissait un seul jour sans manger. M. Dugès a eu l'occasion de vérifier ce fait, et l'observation m'a moi-même permis d'en reconnaître l'exactitude. Une Taupe que je possédais il y a peu de semaines dévora successivement et avec la plus extrême gloutonnerie, quinze Vers de terre d'environ trois pouces de longueur, six Mans et deux Hannetons... J'espérais qu'un semblable souper pourrait la conduire jusqu'au lendemain; mais à huit heures du matin, je la trouvai morte d'inanition. Son autopsie me démontra que pas une parcelle de tous ces aliments n'était restée dans l'estomac : tout était digéré.

Cette voracité, qui est maintenant fort bien appréciée des naturalistes, donne la mesure des services que cet animal peut rendre à l'agriculture, en purgeant la terre d'une masse d'insectes qui font tant de tort aux campagnes. Ce n'est pas dans un but de promenade que la Taupe creuse ses boyaux ramifiés sous le sol, c'est pour rencontrer dans leur trajet les divers petits animaux dont elle s'alimente : tel est le but de sa vie laborieuse. Si elle était une demi-journée sans rencontrer de nourriture dans un champ, elle périrait; aussi, chaque fois que l'agriculteur voit les Taupes persister au milieu de ses plantations, c'est que les racines des végétaux y recèlent leur pature, et là le mammifère compense largement les dégâts qu'il fait en remuant le sol, par le nombre d'insectes destructeurs qu'il anéantit. Que l'agronome et l'horticulteur soient tranquilles : le lendemain du jour où ceux-ci manqueront, la Taupe disparaîtra.

Ces faits sont si évidents qu'aujourd'hui, dans certains pays, les agriculteurs achètent des Taupes pour les placer dans leurs vignobles, lorsqu'ils s'aperçoivent que les Mans attaquent les racines de leurs plantations, et ils le font constamment avec succès.

C'est en connaissant tous ces faits, que M. Ratzeburg, dont l'autorité est d'un si grand poids, s'est élevé contre cette rage aveugle qui porte tant de propriétaires à détruire les Taupes. Il n'hésite pas à regarder celles-ci comme pouvant au contraire rendre des services à l'agriculture en contribuant à la destruction des Mans. M. Plieninger a fait remarquer que ceux-ci se plaisent à se rassembler en hiver dans les cavités qu'ils rencontrent et que probablement ils s'introduisent aussi dans les boyaux souterrains des Taupes, dont ils deviennent infailliblement la pâture, lorsque ces mammifères se réveillent de leur engourdissement hivernal.

Au nombre des mammifères qui font une grande destruction de Hannetons, il faut aussi ranger les Blaireaux. Au printemps, j'ai parfois disséqué de ces animaux dont l'estomac était rempli d'une quantité considérable de Mans, qu'ils avaient sans doute recueillis en fouillant le sol. On regarde aussi le Hérisson comme étant d'une incontestable utilité.

Parmi les oiseaux, les Corneilles, les Choucas et les Pies doivent être rangés au nombre des animaux qui détruisent avec le plus de succès notre Coléoptère. Ils le dévorent sous ses divers états. Les bandes de Corneilles qui s'abattent sur les sillons s'y occupent activement à dévorer tous les Mans qui s'y trouvent à découvert. Lorsque les Hannetons prennent leur essor, les divers oiseaux que nous venons de citer en font encore un plus ample carnage, et tous ceux qu'ils rencontrent dans leur vol, sur la terre et dans les arbres, sont immédiatement dévorés. L'observation de M. Scheele, rapportée par le professeur Ratzeburg, prouve jusqu'à quel point cette action est énergique. Ce monsieur dit que, dans une visite qu'il fit aux galeries supérieures de la cathédrale d'Halberstadt, il y rencontra une si prodigieuse quantité de débris de Hannetons, qu'on semblait, en quelque sorte, nager au milieu d'eux, et qu'assurément ceux-ci n'étaient que les débris des repas d'une multitude de Corneilles et de Choucas qui résident aujourd'hui dans les vieilles tourelles de ce monument. On voit souvent, le soir, les Choucas les prendre au vol, et ceux-ci en dévorent immédiatement l'abdomen et le thorax, en laissant choir les élytres sur le sol. Ainsi donc, au lieu de s'acharner à chasser ces divers oiseaux, qui ne sont regardés que comme un sinistre présage, il serait essentiel de les protéger.

On doit cependant dire que l'action destructive qu'exercent les Corneilles et leurs congénères sur les légions de Hannetons, a été fortement appréciée par certaines populations agricoles. On a attribué à la destruction des Corbeaux, dit M. Prévost, la désolante propagation des Hannetons et des Mans. Elle a dû, en effet, y contribuer, comme on peut le reconnaître facilement, soit en voyant l'activité avec laquelle ces oiseaux suivent le sillon de la charrue ou se précipitent sur les terres nouvellement labourées pour dévorer les Mans, soit en voyant la quantité prodigieuse de débris de Hannetons que l'on trouve, au printemps, sous les grands arbres où ces oiseaux font leurs nids.

Il est curieux de reconnaître que cette action salutaire a été grandement appréciée par quelques populations agricoles de certaines contrées éloignées. La Corneille mantelée, qui fuit l'homme en Europe, au contraire, s'approche de lui avec confiance en Egypte. Là, à ce que rapporte notre célèbre Geoffroy Saint-Hilaire, cet oiseau vient même parfois se reposer sur la charrue du laboureur, qui lui porte de l'intérêt en reconnaissance de ce qu'il détruit les insectes funestes aux céréales.

Il est vrai que certains agriculteurs affirment que les Corbeaux dévorent parfois les semences confiées à la terre, et qu'ils cassent par leur poids les jeunes greffes des arbres fruitiers sur lesquels ils se placent. Il n'est pas bien prouvé que la première assertion soit exacte, et, au sujet de la seconde, M. le professeur Prévost, dont l'autorité est si respectable pour nous, assure qu'il serait très-facile d'empêcher le bris des jeunes greffes en les armant, ainsi que le font tous les arboriculteurs soigneux. Il pense qu'en admettant même les dégâts que ces oiseaux font en butinant les semailles, ceux-ci compensent largement ce léger mal par l'ample destruction qu'ils font des Larves de Hannetons, et que, par cela même, les lois devraient soigneusement protéger leur race.

Outre l'aide que viennent nous apporter ces gros Oiseaux, les petites espèces de cette classe contribuent aussi à détruire les Hannetons et une foule d'autres Insectes nuisibles. Il serait bon, à cet effet, d'étendre sur ces animaux notre protection, au lieu de les décimer inutilement comme on le fait trop souvent.

Nous devons à l'agronome anglais Loudon, et surtout à M. Baxton, savant Américain, d'excellentes indications pratiques sur ce sujet; sujet bien digne de fixer notre attention, car déjà son importance a été vivement appréciée dans certains pays qui, appauvris de leurs

Oiseaux insectivores par des chasses trop actives, se sont, par la suite, efforcés d'en repeupler leurs districts, soit à prix d'or, soit à l'aide de lois protectrices.

Souvent aussi, par ignorance, nous écrasons dans nos domaines une foule d'insectes carnassiers dont nous devrions, au contraire, favoriser la propagation, car ils nous viennent en aide; leur petitesse leur permet de s'insinuer dans une foule de réduits inaccessibles à nos recherches, et là ils peuvent anéantir de nombreuses légions d'animaux nuisibles.

Tels sont, en particulier, certains insectes coléoptères du genre Carabe, fort nombreux dans nos latitudes. Leurs Larves habitent le sol, et, comme elles sont très-carnassières, elles se nourrissent des Mans qu'elles y rencontrent. MM. Audouin et Guérin-Méneville prétendent même que les Carabes dorés dévorent une grande quantité de femelles du Hanneton au moment où elles viennent pour s'enfoncer sous la terre et y déposer leurs œufs.

Les Calosomes, dont les Larves voraces tuent une si grande quantité de chenilles, ne se font certainement pas faute de dévorer les Mans qu'ils rencontrent. Aussi les jardiniers ont-ils tort lorsqu'ils détruisent ces beaux insectes, qui sont appelés à leur venir en aide sans jamais occasionner le moindre préjudice à leurs fruits ou à leurs cultures.

Dans son Entomologie forestière, M. Delarue nous apprend même que les Allemands poussent la prévoyance beaucoup plus loin que nous, car il rapporte que les forestiers de ce pays se sont occupés de multiplier ces coléoptères carnassiers et d'en créer des espèces de colonies, dans le but de les appliquer à la destruction des chenilles phytophages, dont, ainsi que le fait remarquer

Réaumur, elles sont les plus redoutables ennemis. (Mémoire sur les Insectes. T. 11, p. 455.)

De la destruction des Larves ou Mans.

Si, sous l'état parfait, le Hanneton peut être attaqué avec une grande facilité, et s'il devient alors fréquemment victime des nombreuses causes de destruction qui l'environnent, au contraire, à l'état de Larve, cet insecte se trouve, par la nature de son habitat, en grande partie dérobé à ses ennemis et garanti des influences climatériques. Peu d'animaux parviennent à l'attaquer dans ses retraites souterraines, et là il brave facilement la rigueur de nos hivers.

L'importance qu'offre l'extermination des Larves est appréciée à sa juste valeur dans certains pays. Dans quelques régions de la Suisse, l'autorité exige qu'on procède à leur destruction à mesure que les travaux des champs les mettent à découvert. En traversant le canton de Lausanne, nous eûmes l'occasion de lire divers règlements sur ce sujet, que l'on affichait dans les rues des villes. Dans ceux-ci, on enjoignait aux agriculteurs, sous peine de 2 fr. d'amende par chaque journée de labour, de faire suivre le sillon de la charrue par des personnes chargées de tuer les Mans à mesure qu'il s'en présente à découvert, ou d'y suppléer à l'aide de troupeaux d'oies.

L'intelligence des populations agricoles de quelques localités, se conforme même à cet usage sans que la loi intervienne. Là, ce sont des femmes ou des enfants qui suivent la charrue et exterminent les Mans que le soc découvre; ailleurs, le laboureur, plus intelligent encore, se fait suivre par des porcs, des oies ou des dindons, qui se jettent avec avidité sur toutes les Larves qu'ils rencontrent. Ces divers animaux s'habituent avec la plus grande facilité à cette manœuvre, et l'exécutent avec un discernement qui a sa récompense dans la satisfaction qu'elle leur procure. J'ai vu dans des jardins des canards suivre avec la même avidité le travail de la bêche du jardinier, et dévorer successivement les Mans qu'elle mettait à découvert.

Mais les forêts ne doivent pas moins attirer l'attention de l'agronome que ne le font les champs. Là aussi, les Mans commettent parfois de funestes ravages, et, là aussi, la persévérance et le travail peuvent parfois les arrêter.

Au milieu des causes diverses de destruction qui surgissent dans les plantations sylvestres, l'œil du forestier exercé discerne très-facilement les dégâts qui sont dûs aux Larves des Hannetons. Ceux-ci se manifestent surtout très-clairement dans les plants de jeunes sapins d'un à deux ans, qui ont été alignés dans les sillons de la charrue. Le dépérissement se produit ordinairement dans une même direction, ce qui semble indiquer que les Larves avancent successivement dans leur œuvre de destruction à mesure qu'elles ont dévoré les racines des premiers arbres attaqués. On observe que les progrès du mal se manifestent avec beaucoup plus de lenteur sur les individus plus âgés et dont les racines plus compactes offrent plus de résistance à la dent des Larves. On voit en effet, dans une invasion de ces insectes, de jeunes plantations d'un à deux ans être complétement anéanties, tandis que celles de trois à six ans ne se trouvent qu'éclaircies.

Lorsque, malgré toutes les précautions prises par la prévoyance de l'agriculteur, les Mans envahissent néanmoins les plantations sylvestres, M. Ratzeburg considère comme un moyen fort efficace de faire parquer des troupeaux de porcs dans les emménagements qui se trouvent le plus affectés, et il prescrit aux gardes des forêts de surveiller attentivement cette mesure, afin de répartir sagement ces animaux sur tout l'espace attaqué. Ce n'est que lorsque ce moyen n'a pas pu recevoir son exécution que le savant agronome prussien prescrit de nettoyer le terrain à l'aide de la main de l'homme et de la pioche.

Lorsqu'on s'aperçoit que les dégâts commencent, les forestiers allemands pensent que le mal peut être conjuré. Ils conseillent à cet effet d'arracher les jeunes sapins flétris en les laissant entourés d'une forte motte de terre et en détruisant les Larves qui ont été mises à découvert par cette opération. M. Ratzeburg et d'autres ont recommandé ce procédé. Il est rationnel, car si l'on différait d'extirper ces insectes jusqu'au moment où l'on doit faire une nouvelle plantation, leurs dégâts s'étendraient sur les jeunes arbres voisins de ceux qui sont attaqués.

Voici, à ce sujet, comment s'exprime M. Ratzeburg : « Il faudra, dit-il, attacher son attention sur les plantations et sur les semis. Si les pépinières sont de peu d'étendue, et si l'on a des ouvriers habiles, on pourra conserver beaucoup de jeunes élèves, qui, privés de soins, seraient détruits ; mais faut-il supposer que les Vers ne soient pas trop fréquents et admettre encore qu'on leur fît la guerre, surtout pendant l'année qui précède celle de leur passage à l'état de momie. Dans les semis après labour par sillons, l'on peut le plus aisément réussir, et cela avec bien moins de frais de main-d'œuvre. Ici, en effet, dès que l'on veut ouvrir un peu les yeux, il est facile de reconnaître les dégâts dès l'origine. Les jeunes plantes, aussitôt que les racines ont été rongées par les Vers blanc, se flétrissent d'abord après quelques heures, puis deviennent rouges peu de jours plus tard. L'on peut donc prendre des mesures avant que le mal ait fait de grands progrès. Secondement, la direction qu'a prise le rongeur est très-bien indiquée dans les lignes, de sorte qu'un ouvrier adroit peut déterrer et tirer en peu de temps un grand nombre de Larves. Si, quand on découvre la présence des destructeurs, beaucoup de plantes sont déjà rouges, il ne faut pas chercher alors les coupables *sous celles-ci*, mais l'on devra, guidé par elles, suivre la route qu'ils ont tenue (plus rapidement auprès des jeunes, plus lentement à côté des élèves plus avancés), puis ne lever que les plantes qui laissent *pendre flétries leurs aiguilles*, et témoignent par la *fraîcheur de leur verdure*, que le rongeur se trouve encore dans le voisinage. Lorsque le terrain n'est pas trop mou, l'on peut, soit avec le doigt, soit avec une baguette flexible, suivre facilement sous terre les galeries des Larves. »

Relativement à l'extermination des Larves, quelques hommes pratiques, et entre autres M. Meyrinch, pensent que, dans les plantations étendues, on doit y renoncer, surtout si elles ne datent que d'un à six ans et si le mal y est si grand qu'à chaque coup de bèche l'ouvrier met à découvert plusieurs Larves. Mais si le mal est trop considérable pour qu'on puisse y apporter aucun remède, au contraire, lorsque la plantation ne s'étend pas au-delà de cent arpents, on peut concevoir l'espoir de conserver un grand nombre de pieds d'arbres, surtout si les Larves sont parvenues au terme de leur vie et vont bientôt se métamorphoser.

Dans ces derniers temps, on a aussi pensé que le Madi cultivé, *Madia sativa*, Dec., dont notre agriculture a fait récemment la conquête, pourrait être utile pour éloigner les Mans. Ce végétal, originaire du Chili, qui exhale, au moment où il fleurit, une odeur extrêmement pénétrante, est considéré comme un bon engrais. Dans une notice publiée sur ce sujet, M. le professeur Prévost a fait connaître qu'un propriétaire éclairé des environs de Rouen, M. Join-Lambert, avait observé que sur des terres arables, l'enfouissement en vert du *Madia sativa* éloignait les Mans. Celui-ci avait trouvé à ce procédé de si incontestables avantages, qu'il se proposait d'en faire également l'essai sur ses jeunes arbres attaqués par ces insectes.

Nous savons aussi qu'un homme d'un grand renom, M. Héricart de Thury, a conseillé, dans le but d'écarter ou de détruire les Mans, de mêler aux sols que l'on défriche une sorte de compots formé d'un quart de suie et de trois quarts de cendres noires ou terre lignito-pyriteuse vitriolique des fabriques de sulfate de fer; ou à défaut de celles-ci, du sulfate de fer ou des cendres des fours à chaux. Ce savant, considérant le sulfate de fer comme ayant une action spéciale sur ces insectes, conseille aussi d'arroser les terrains plantés ou ensemencés avec une solution de ce sel (1 kilogramme pour huit arrosoirs) ou avec des eaux mères de lessive.

Mais, en admettant que ces moyens n'aient aucune action funeste sur des jeunes plantes, ce qui n'est pas prouvé, on conçoit qu'ils ne sont nullement applicables dans la grande agriculture.

DEUXIÈME SECTION.

DE LA DESTRUCTION DU HANNETON DANS L'HORTICULTURE.

Les divers moyens que l'on trouve indiqués dans les ouvrages pour préserver les jardins des ravages des Hannetons, sont pour la plupart inutiles : ce fait a été parfaitement senti par M. Vibert, qui possède de si vastes plantations de rosiers près de la Marne ; comme il le dit lui-même : on voit que ceux qui les ont proposés étaient tout à fait étrangers à l'horticulture.

Pénétré de cette vérité, que souvent les dégâts souterrains des Mans ne se révèlent que lorsqu'il n'est plus temps d'y remédier, M. C. Lesueur s'est efforcé de les prévenir et de trouver un procédé pour empêcher les Larves d'envahir le sol. Dans ce but, il dit avoir employé avec succès la chaux ammoniacale du gaz. Son procédé consiste à en saupoudrer légèrement la superficie du sol. Le résultat des expériences de M. Lesueur a été constaté par une commission, et beaucoup de personnes prétendent aujourd'hui qu'il ne peut y avoir de doute à cet égard. Selon elles, cette substance, employée avec intelligence, est extrêmement efficace, non pas pour tuer les Mans qui stagnent sous le sol, mais pour éloigner par son odeur les Hannetons qui cherchent un lieu favorable pour y déposer leurs œufs.

Il ne nous est pas permis de nier ici ce que l'expérience de plusieurs personnes respectables semble attester. Nous dirons seulement qu'ayant nous-même essayé de constater à quel point les émanations de la chaux ammoniacale impressionnaient les Hannetons, nous avons pris des femelles dans les meilleures conditions d'agilité; et soit que nous les ayons déposées sur des terres saupoudrées du jardin botanique de Rouen, soit que nous les ayons placées sur des amas de chaux ammoniacale pure, jamais nous n'avons vu ces insectes se hâter de s'envoler : ils stagnaient là tout autant de temps que sur la terre vierge.

Ces simples essais nous font craindre que l'on reconnaisse un jour que la substance dont il est question n'a pas toute l'efficacité qu'on lui prête.

Quelques horticulteurs ont sérieusement proposé d'attaquer les Hannetons qui affluent sur les arbres fruitiers, en approchant de ceux-ci des espèces de flambeaux enduits de soufre, de résine et de cire. Ils ont avancé que les vapeurs produites par leur combustion, lorsqu'on les promène sous le feuillage attaqué, suffisaient pour asphyxier ces insectes, et qu'alors il était facile de les faire tomber des arbres en les secouant légèrement. Mais le moindre inconvénient de ce moyen est son inutilité absolue; on a vu, par mes expériences, combien il était difficile d'asphyxier des Hannetons; aussi on conçoit immédiatement qu'avant d'agir sur ces insectes, les vapeurs sulfureuses doivent avoir la plus funeste action sur les jeunes feuilles des arbres fruitiers, et encore plus sur leurs fleurs. C'est un moyen qu'il faut rejeter absolument.

M. Gouffier, ayant observé que des espaliers qui étaient environnés de laitues et de fraisiers furent moins dévastés par les Mans que ceux qui ne se trouvaient point dans cette condition, proposa désormais d'environner les arbres fruitiers de bordures de salades et de touffes de fraisiers, puis de visiter attentivement ces végétaux herbacés, dont les Larves sont friandes, et de tuer celles-ci à mesure qu'on s'aperçoit qu'elles en attaquent les racines, ce qui est facile à voir par le dépérissement subit de la plante. Cette méthode, qui n'est applicable que pour l'horticulture, paraît être bonne. Ce que je sais, c'est que dans de semblables circonstances, j'ai vu, en effet, les fraisiers être fortement attaqués par les Mans. M. Vibert conseille lui-même ce moyen dans les petits jardins, et il peut y être efficace.

Lorsque, dans les travaux du jardinage, on rencontre des Mans, il suffit pour les tuer de les abandonner dans les chemins; ainsi que l'ont fait remarquer MM. Plieninger et Ratzeburg, et ainsi que nous l'avons observé nous-même; au milieu du jour, il suffit qu'ils se trouvent exposés une heure à l'action d'un soleil ardent pour qu'ils expirent.

TROISIÈME PARTIE.

De l'emploi des Hannetons.

Il ne faut pas perdre vue que la destruction des Hannetons prendra d'autant plus d'extension que l'on parviendra à la faire avec plus d'économie. Pour en arriver là, il faut absolument chercher quels sont les moyens d'utiliser ces insectes, et il en existe évidemment plusieurs. Il ne s'agit que de choisir ceux qui présentent le plus d'avantages pour l'exploitation rurale à la tête de laquelle on se trouve.

M. Ratzeburg et tous les hommes qui se sont occupés avec discernement d'économie rurale affirment que les Hannetons, soit à l'état parfait, soit sous celui de Larve ou de Chrysalide, composent une bonne nourriture pour les cochons et les volailles.

Presque tous les oiseaux de nos basses-cours se jettent avec avidité sur les Hannetons et peuvent en être nourris : tels sont surtout les Dindons, les Oies, les Canards et les Poules.

Ces dernières en mangent parfois une quantité considérable, mais on a remarqué qu'alors ce régime présente chez elles d'assez graves inconvénients. Les Poules qui ont mangé beaucoup de Hannetons, ainsi que nous avons eu plusieurs fois occasion de l'observer, pondent des œufs dont le jaune offre une couleur d'un brun foncé qui tient au principe colorant de ces insectes; et, à cet aspect disgracieux, ces œufs joignent une saveur désagréable qui fait qu'on les repousse des tables. On remarque aussi que les Poules qui font un trop copieux usage de Hannetons, deviennent maigres et souvent malades; elles pondent moins qu'à l'habitude et parfois même succombent à des irritations intestinales, déterminées, soit par la nature chimique de ces insectes, soit par les aspérités qu'offrent leurs membres. Enfin, parfois aussi, on trouve des pattes de Hanneton dans l'intérieur des œufs de ces poules. Ce fait, dont on parle souvent dans les campagnes et auquel j'avais peine à croire, j'ai eu l'occasion de l'observer bien positivement. Je l'explique par l'introduction accidentelle de ces pattes dans l'oviducte, dans lequel elles seront remontées à l'aide de leurs dentelures, jusqu'au dessus de l'endroit où se forme la coquille.

Mais on ne doit pas perdre de vue que les divers inconvénients que nous venons de signaler ne dérivent que de l'excès de cette nourriture, et que l'on peut donner chaque jour aux Poules une certaine quantité de ces insectes. Il faut seulement en surveiller l'emploi.

Ratzeburg prétend que les Oies seules, parmi les Oiseaux de basse-cour, dédaignent les Hannetons ; mais c'est à tort : ces palmipèdes les mangent avec non moins d'avidité que le font toutes les autres volailles domestiques, et, dans certains pays, des troupeaux d'Oies suivent les sillons du laboureur pour se jeter sur les Mans qu'ils mettent à découvert.

Les Hannetons peuvent être employés avec avantage pour la nourriture des Porcs. Ces animaux, essentiellement omnivores, s'en repaissent avec avidité. Et en mêlant ces insectes en certaines proportions avec d'autres aliments, on peut, dans les années où ils sont abondants, en employer énormément dans la porcherie. Dans certains pays, où les Cochons ont été largement soumis à ce régime alimentaire, on n'a jamais reconnu qu'il fût sujet pour eux à aucun inconvénient.

Il est vrai que quelques agronomes ont prétendu que les Larves de ces Insectes étaient nuisibles aux Porcs, lorsqu'on leur en donnait à manger une trop grande quantité ; mais il est probable que cette assertion est tout à fait hypothétique, car on ne collecte pas de Mans en masse comme on le fait des Hannetons, et, par conséquent, on n'a que fort peu d'occasions d'observer les effets de leur emploi prolongé ; et d'ailleurs, si l'on juge de l'avidité avec laquelle les Porcs s'en repaissent, on aura une idée toute contraire.

Il est aussi parfaitement reconnu que le produit des grandes récoltes de Hannetons peut être employé avantageusement à fumer la terre, ceux-ci formant un excellent engrais animal. La pratique a déjà sanctionné cet usage. Tantôt, on se contente simplement de disperser ces insectes sur le sol, et tantôt on ne procède à cette opération qu'après en avoir fait une sorte de fumier homogène, en les mêlant à une certaine quantité de chaux.

Quelques économistes ont prétendu que l'on pouvait extraire des Hannetons une quantité notable d'huile ou de graisse. Plieninger parle souvent de ce produit, mais sans assurer qu'il l'ait réellement obtenu ; d'autres affirment que, pour extraire cette huile, il suffit de placer des Hannetons dans un vase, en ayant le soin de mettre au fond un lit de paille, puis de chauffer l'appareil doucement. Alors, dit-on, l'huile coule peu à peu du corps de ces insectes et vient se rendre au fond du vase, et l'on a prétendu que huit mesures de Hannetons soumises à l'opération donnaient jusqu'à trois mesures d'huile. On assure même que déjà cette huile ou cette graisse a reçu un certain emploi dans le Magdebourg, et que là on s'en sert pour enduire les essieux des voitures.

D'un autre côté, M. Farkas assure que l'on est parvenu à retirer des Hannetons, après une ébullition prolongée daus l'eau, une espèce d'huile dont on se sert également en Hongrie pour graisser les essieux des voitures.

Mais à ces assertions, nous devons ajouter que M. Ratzeburg rapporte que des recherches faites dans le but d'extraire de l'huile des Hannetons manquèrent tout à fait entre ses mains, et que dans l'opération ceux-ci se carbonisèrent complétement sans donner une goutte de substance huileuse.

En présence de ces opinions absolument opposées, j'ai entrepris quelques expériences, afin d'éclairer la question. A l'aide de la chaleur, il m'a été impossible d'extraire aucune matière grasse des Hannetons. En plaçant ceux-ci dans de gros tubes clos et inclinés, afin de recevoir les produits qui pourraient s'en écouler, soit que le feu fût extrêmement doux, soit qu'il fût assez vif pour produire enfin la carbonisation complète de ces insectes, lorsque j'opérais sur un demi-litre de ceux-ci, je n'obtins jamais que quelques gouttes d'un liquide d'un brun noirâtre, de nature aqueuse et teint par la substance colorante du coléoptère.

Je n'ai pas été plus heureux en soumettant des Hannetons à l'action de l'eau en ébullition. Quelle qu'ait été la durée de celle-ci, je n'ai vu aucune gouttelette d'huile surnager à la surface du liquide.

Mais en soumettant des Hannetons à l'action de la presse, après les avoir broyés, on en obtient une substance grasse fort abondante, presque de la consistance d'extrait, d'une couleur d'un brun foncé, et qui, observée au microscope, est visiblement formée d'abondantes gouttelettes d'huile jaunâtre, interposées dans un liquide coloré.

Un litre de Hannetons, contenant 400 insectes et pesant 400 grammes, donna 130 grammes d'un extrait liquide, d'un brun qui se rapprochait de la couleur des élytres.

Si l'on ne peut disconvenir que le Hanneton, employé avec discernement, est susceptible de rendre quelques services à l'économie rurale, et de compenser un peu par son emploi les frais qu'occasionne sa récolte, il faut aussi reconnaître que parfois on a voulu trouver dans ces insectes des ressources tout à fait illusoires. Nous compléterons l'histoire de cet animal en rappelant les principales assertions des auteurs à ce sujet.

Il était naturel de penser qu'un insecte aussi répandu serait employé dans l'art médical; c'est ce qui a eu lieu en effet. Quelques médecins étrangers l'ont considéré comme pouvant être de quelque utilité dans le traitement de l'hydrophobie, en étendant à ce Coléoptère les propriétés que Roesler (*de morsû canis rabidi,* 1672), Degner (*de scarabæorum majalium in morsû canis rabidi effectu specifico salutari*), Traurgott Schwarts (*de hydrophobia ejusque specifico meloe maiali et proscarabœo* 1783), et d'autres ont prêtées si bénévolement à un insecte du même ordre, le Méloé proscarabée, *meloe proscarabœus.* Lesser, dans sa théologie des insectes, dit aussi que le Hanneton a été préconisé dans les affections rhumatismales. Lange (journal de médecine, t. 80), assure qu'on l'a employé pour remédier aux affections psoriques; enfin, autrefois on l'a aussi appliqué écrasé et en guise de cataplasmes, pour combattre les bubons pestilentiels. Aujourd'hui, avec raison, la médecine en a totalement rejeté l'emploi, et il serait puérile d'insister sur son utilité.

D'autres fois, ce sont les arts que l'on voit frivolement s'efforcer d'utiliser le Hanneton.

Quelques auteurs affirment que, durant les journées chaudes, les Larves sécrètent une couleur bleue que l'on peut en extraire, mais cette assertion a besoin d'être confirmée. On doit considérer comme plus positif ce que MM. Ratzeburg et Mulsant avancent à l'égard d'un suc brun noir que l'on rencontre dans la gorge des Hannetons, particulièrement vers le soir; ils assurent que l'on convertit celui-ci en tablettes d'une couleur brun-clair, en le faisant dessécher, et que, sous cette forme, il a été employé dans la peinture en Allemagne. Nous avons trouvé, en effet, ce suc d'une belle couleur, d'un brun chaud; mais nous ne pensons pas qu'il puisse jamais être recherché aujourd'hui pour un art auquel la chimie fournit ses produits avec tant de prodigalité.

QUATRIÈME PARTIE.

Description du Hanneton.

Quoique ce travail ait essentiellement un but pratique, je sens que quelques agronomes instruits, qui aiment à faire des études complètes de tout ce qui touche à la science des campagnes, pourraient me reprocher de ne pas leur avoir donné une description de l'insecte dont l'histoire nous occupe. Je vais éviter ce reproche.

Le Hanneton vulgaire appartient à l'ordre des Coléoptères et au genre *Melolonthe*, de la famille des Lamellicornes. Les naturalistes le désignent sous la dénomination de *Melolontha vulgaris*, Fab., et le vulgaire sous celles de Scarabée de mai, ou plus communément de Hanneton.

Il n'y a rien de bien positif relativement à l'étymologie du nom vulgaire de cet insecte. Cependant M. Mulsant, dans sa monographie des Lamellicornes de la France, prétend que cette dénomination n'est qu'une altération du mot *alitonus*, qui, dans la basse latinité, exprimait l'action d'un être qui, en volant, produit un certain bruit. D'après ce naturaliste, on aurait d'abord transformé ce mot en celui de *Halleton*, et par une dernière altération on en aurait fait *Hanneton*.

Quant à la dénomination générique de Melolonthe, imposée à cet insecte par Fabricius et Linné, elle est plus facile à débrouiller. Elle provient de *melolonthe* ou de *melonthos* qui étaient les noms que les Grecs imposaient à certains insectes qui dévoraient les feuilles des arbres : dénomination qu'Aristote et Aristophane ont employée pour désigner des Coléoptères qui ont de l'analogie avec les Hannetons. S. Bochard a porté encore plus loin les rapprochements, en prétendant, dans son Histoire des animaux de la Bible, que notre Hanneton vulgaire était identique avec le Melolonthe du poëte athénien. L'immense érudit s'est fondé sur ce que, dans sa comédie des *Nuées*, Socrate dit à Strepsiade : « Ne concentre pas toujours ta pensée en toi-même ; donne l'essor à ton esprit, comme au Melolonthe attaché par la patte à un fil. » Vers 761. M. Artaud, fort de cette autorité, dans sa traduction, a même substitué à ce nom celui de Hanneton.

Le Hanneton commun, qu'il ne faut pas confondre avec quelques espèces voisines, offre les caractères qui suivent. Sa longueur est de 25 à 30 millimètres sur 12 de diamètre ; il pèse 1 gramme ; son corps est un peu gibbeux ; le chaperon est rebordé ; ses antennes sont composées de neuf à dix articles, dont les six derniers sont aplatis, très-allongés, déjetés latéralement et ressemblent à d'étroites lamelles : chez les mâles, ces articles lamelliformes sont beaucoup plus allongés que chez les femelles, ce qui fait que, par le seul examen de ces organes, on distingue immédiatement et exactement les sexes. Le corselet est de forme cubique et d'une couleur noire. L'écusson, qui est cordiforme, porte une houppe de poils roux et longs sur les femelles, mais blancs et courts chez les mâles. Les élytres sont plus courts que l'abdomen, légèrement rebordés sur les côtés et d'une couleur fauve. Les ailes sont longues et repliées en deux sous ceux-ci. Les pattes de ces coléoptères ont la taille et la forme normales. Les cuisses n'offrent aucune disposition remarquable, mais les jambes sont aplaties et présentent, en dehors, trois dents latérales plus saillantes chez les femelles que chez les mâles, et qui ont pour fonctions de favoriser les travaux souterrains de ces insectes, soit lorsqu'ils montent vers la superficie du sol, soit lorsque la femelle s'y enfonce pour y déposer ses œufs.

L'anatomie du Hanneton a été l'objet de savantes études de la part de plusieurs naturalistes. MM. Léon Dufour et Audouin ont successivement étendu nos connaissances sur ce sujet; mais c'est surtout à M. Strauss que l'on doit les travaux les plus importants que l'on ait jamais produits sur cet animal. Dans son savant et magnifique ouvrage, ce naturaliste nous a initiés aux plus intimes détails de la structure de cet insecte.

Dans le Hanneton, le tube alimentaire offre six à sept fois la longueur du corps; l'œsophage est court et le jabot pénètre jusqu'au tiers antérieur du corselet. Le ventricule chylifique, qui est extrêmement long et intestiniforme, se replie en plusieurs circonvolutions et est dépourvu de papilles; il offre ordinairement une couleur brune qui tient aux aliments dont sa cavité est remplie. L'intestin grèle est excessivement court; à la surface du ventricule chylifique, on remarque les vaisseaux hépatiques, dont la structure est toute particulière; ceux-ci sont formés de tubes grêles offrant, sur une grande partie de leur étendue, de petits appendices très-rapprochés, qui leur donnent l'aspect d'élégantes et fines franges se dessinant sur la sombre couleur de l'estomac.

Les organes générateurs du mâle sont excessivement remarquables. Le pénis se trouve au milieu de deux valves cornées, allongées, qui peuvent se rapprocher et s'écarter ainsi que les branches d'une pince. Lors de l'accouplement, ces branches, que Kirby nomme *forceps*, étant rapprochées, elles donnent à l'appareil sexuel la forme d'un cône fort allongé; mais après qu'elles ont été introduites, elles s'écartent à l'aide des muscles placés à leur base et la verge peut de cette manière s'introduire facilement. Mais comme après ce premier temps l'action musculaire se continue et tend à conserver écartées les pièces cornées, il en résulte que le mâle ne peut se détacher de la femelle qu'avec assez de difficulté.

L'appareil génital des femelles se compose de deux ovaires qui présentent chacun six tubes ovigères accolés. L'oviducte est allongé et offre vers sa terminaison une petite vésicule ou réservoir qui communique avec sa cavité par un canal court. Cette vésicule particulière, qui ne s'observe que dans les insectes femelles, est une espèce de réservoir dans lequel la semence du mâle est déposée pour être ensuite versée sur les œufs et les féconder successivement lorsqu'ils franchissent l'oviducte.

Cette vésicule remarquable avait été entrevue anciennement par quelques naturalistes. Déjà Jonston en fait mention et on la trouve même figurée dans ses œuvres; il la désigne sous le nom de *Sacculus pyriformis qui invaginum uteri aperitur*. Hunter avait même démontré expérimentalement la fonction de cet organe, en fécondant des œufs de femelles vierges avec le fluide qu'il en avait enlevé. (Hunter, Animal economy. T. 8, p. 461. Owen, Hunterian lectures, p. 228). Hérold et Audouin ont confirmé cette découverte en considérant aussi cet organe, qu'ils nomment Poche capulatrice, à cause de ses fonctions, comme n'étant qu'un réservoir du sperme.

L'accouplement des Hannetons a lieu fort peu de temps après leur sortie de terre. Il dure de dix heures à vingt-quatre heures. Pendant les premiers moments, le mâle reste sur le dos de sa femelle, qu'il embrasse étroitement. Mais vers la fin, lorsqu'il se trouve affaibli et épuisé, il se renverse sur le dos, en arrière de celle-ci, qui, en marchant, le traîne après elle pendant un certain temps, parce que, par leur écartement, les branches cornées qui renferment le pénis du mâle, le retiennent dans cette position.

La Larve du Hanneton est molle et d'une couleur d'un blanc sale ou jaunâtre. Les anneaux de son corps, dont la surface est ridée, sont au nombre de douze; les trois derniers, qui ont une plus grande étendue que les autres, offrent une teinte d'un violet noirâtre, qui est due à la présence des excréments qui distendent l'intestin, et que l'on aperçoit à travers la transparence de l'enveloppe cutanée. La tête est volumineuse, cornée et d'une couleur d'un fauve clair. Elle est armée de fortes mandibules. Ces Larves offrent six pattes assez longues, cornées et d'une couleur fauve. Enfin, il existe neuf stigmates de chaque côté du corps, dont l'ouverture est entourée d'un anneau elliptique rougeâtre.

CINQUIÈME PARTIE.

RÉSUMÉ.

Si, dans un intérêt pratique, nous avons été forcé de développer aussi longuement cette histoire naturelle et agricole du Hanneton, il nous semble qu'il est de notre devoir, en la terminant, d'en donner aux lecteurs un résumé très succinct : celui-ci sera destiné à leur rappeler les principaux préceptes émis dans cet écrit, totalement extrait de nos leçons de zoologie à l'Ecole d'Agriculture et d'Economie rurale du département de la Seine-Inférieure.

Les propositions qui suivent peuvent être considérées, d'après ce qui précède, comme autant de faits acquis et ayant en quelque sorte la force d'autant d'axiomes parfaitement établis :

Les Hannetons doivent être regardés comme l'un des plus terribles fléaux de notre agriculture.

Leur extermination totale est possible, en devenant l'objet d'une mesure générale dans les contrées qu'ils envahissent.

Pour atteindre ce but, il faut absolument combiner l'action protectrice d'une loi sévèrement exécutée et les notions rationnelles fournies par les sciences naturelles.

La durée totale de la vie du Hanneton est ordinairement d'environ trois ans.

Sa vie active sous le sol, à l'état de Mans, est d'environ quatorze mois, et son engourdissement de vingt-un.

On protége les plantations contre les attaques des Hannetons à l'aide des moyens préventifs; on les ravit à leurs déprédations par la destruction.

Dans la grande culture, les moyens préventifs consistent à entraver la propagation des Hannetons, à l'aide du terrain et du mode de culture.

L'extermination de ces insectes s'obtient à l'aide de chasses opérées avec discernement et économie. Dans celles-ci, on les attaque à l'air libre ou sous le sol, à l'état parfait ou sous celui de larve.

Les animaux domestiques peuvent être employés pour aider l'agriculteur et alléger ses dépenses et son travail.

Divers animaux sauvages concourent au même but, aussi doivent-ils être protégés par les habitants des campagnes, au lieu d'être, dans celles-ci, traqués sans discernement.

Les forêts et les champs réclament des procédés différents et qui varient selon les cultures qui les couvrent.

Dans l'horticulture, la destruction du Hanneton présente plus de facilité, mais ne demande pas moins d'intelligence et de persévérance que dans les grandes plantations.

Beaucoup de recettes, conseillées dans les recueils de jardinage, ne doivent pas être considérées comme sérieuses; elles n'ont subi ni l'épreuve de l'expérience, ni l'examen des savants.

Enfin, il faut s'efforcer d'utiliser les Hannetons pour alléger les dépenses que leur récolte occasionne. On reconnaît, en effet, qu'il est possible de les employer dans l'économie rurale.

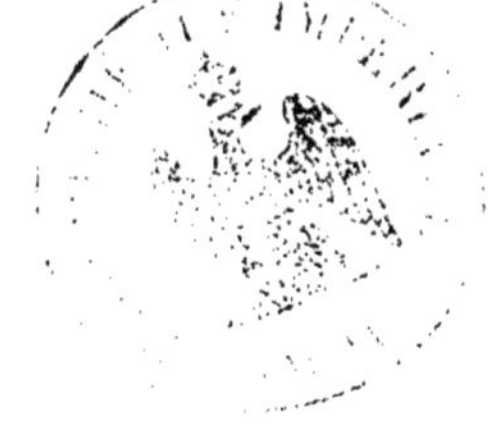

FIN.

OGIQUE

N.

Juin.	Juillet. Août.	Septembre.
No— Dé J F — tons disparais- sont moins es- ponte ayant eu tinuer, cepen- nsectes apparais- ent. eunes plants des pépinières, et Mans qui atta- acines. Les Man dément. Rien à f	— Cessation des chasses aux Hannetons. Visiter les jeunes plants comme dans le mois précédent.	— Destruction des Mans que le labour met à découvert ; emploi des porcs, des oies et des dindons derrière la charrue.

CALENDRIER ENTOMOLOGIQUE
DU HANNETON.

Octobre. Novembre. Décembre. Janvier. Février. —	Mars. —	Avril. —	Mai. —	Juin. —	Juillet. Août. —	Septembre. —
Les Mans hivernent profondément. Rien à faire.	Les Mans reprennent leur vie active et se rapprochent de la surface du sol. Les détruire à l'aide du labour et de la bêche, dans les champs et les forêts. Introduire les porcs dans les forêts infestées. Protéger les animaux auxiliaires.	Les Mans sont très actifs. Mêmes soins qu'en mars.	Apparition des Hannetons. Organiser des chasses contre ces insectes. Secouer les arbres qui leur servent de gîte. Visiter les arbres d'appât. Nourrir les animaux de basse-cour avec le produit des chasses.	Les Hannetons disparaissent. Les chasses sont moins essentielles, la ponte ayant eu lieu; les continuer, cependant, si ces insectes apparaissent tardivement. Visiter les jeunes plants des forêts et les pépinières, et recueillir les Mans qui attaquent leurs racines.	Cessation des chasses aux Hannetons. Visiter les jeunes plants comme dans le mois précédent.	Destruction des Mans que le labour met à découvert; emploi des porcs, des oies et des dindons derrière la charrue.